R 90 S
R90/6 R75/6
R60/6

Schrader-Motor-Chronik

BMW-MOTORRÄDER SEIT 1970

Singles, Boxer- und K-Modelle

Schrader-Motor-Chronik

BMW-MOTORRÄDER SEIT 1970

Singles, Boxer- und K-Modelle

Eine Dokumentation von Jan Leek

Schrader Verlag

Umschlaggestaltung: Anita Ament
Bildnachweis: Die Vorlagen stammen aus dem Archiv von
Klaus Vollmar, WK-Verlag, und der Sammlung des Autors.

ISBN 3-613-87204-8

Ein Unternehmen der Paul Pietsch Verlage GmbH + Co
1. Auflage 2000

Lektorat: Joachim Kuch
Innengestaltung: Marit Wolff
Repro: digi bild reinhardt, 73037 Göppingen
Druck: Maisch & Queck, 70839 Gerlingen
Bindung: K. Dieringer, 70839 Gerlingen
Printed in Germany

Inhalt

Sinneswandel und Tradition

Es war nicht nur ein neues Jahrzehnt, das sich 1970 anbahnte – bei BMW war es eine Revolution. Nach den biederen Vollschwingenmodellen, die seit 1955 in Produktion gewesen waren, kam jetzt eine moderne Modellreihe, die sogenannte /5-Serie. Die ansonsten identische Modellfamilie ging in drei Hubraumklassen an den Start, wobei die 50 PS starke 750er R 75/5 den Spitzentyp darstellte. Abgesehen von wenigen Ausnahmen, hatte sich der Hubraum bei großen Motorrädern bis dahin auf 650 Kubik beschränkt, wie etwa bei den Modellen in Großbritannien, doch bereits Ende der 60er war klar, dass in Japan wie auch aus Großbritannien fieberhaft an größeren Maschinen gearbeitet wurden. Sie kamen auch, die Honda CB 750 und die Dreizylinder von Triumph/BSA, und kurz nach deren Vorstellung war auch die Neue von BMW fertig. Die erste ausführliche Presseinformation verschickte das Werk im August 1969.
Der Zweizylinder-Boxer lieferte 50 PS bei 6.200/min, was heute wenig klingen mag, aber damals das Bigbike aus Bayern zu einem der begehrtesten auf dem Markt machte. Schon die erste Baureihe erhielt im zweiten Produktionsjahr eine verlängerte Schwinge, um Fahrwerksunruhen zu beheben, aber die Grundkonzeption blieb drei Jahre lang unverändert. Danach löste die /6-Serie mit leichten Modifikationen die /5-Serie ab, doch auch die folgenden Varianten unterschieden sich nicht viel von den ersten der »neuen« Generation des Modelljahres 1970. Die ersten Modelle mit einem Liter Hubraum erschienen 1977, die Technik allerdings war noch vom alten Schlag. Als das Jahrzehnt sich dem Ende zuneigte, gab es zwar die vollverkleideten RS- und RT-Modelle, aber Luxus oder Spitzentechnologie suchte man bei den jüngsten Topmodellen aus Japan, nicht bei BMW.
Wie so oft in der Werksgeschichte brachte ein neues Jahrzehnt auch eine neue Ausrichtung. Das Boxerkonzept wurde auf den Prüfstand geschoben, und wenn schon keine Prototypen entstanden, so vertiefte man sich doch in das Studium von Fahrzeugentwürfen und Konstruktionsplänen. Ein Vierzylinder? Wäre das Publikum für so etwas bereit? Schließlich hatte BMW sich ja jahrzehntelang mit der Zweizylinder-Philosophie nicht nur beschäftigt, sondern sie auch in der Werbung den Multizylindern aus Fernost stets als überlegen bezeichnet. Ein Umstieg käme womöglich einem Vertrauensbruch oder einer Niederlage gleich. Oder?
Und sie erschienen doch, die Vierzylinder-K-Modelle von 1983. Und alle Bedenken waren wie weggewischt. Die Kombination aus modernster Technologie (in der Basis noch moderner als das, was die ostasiatische Konkurrenz aufstellte) mit altbewährten Traditionen erwies sich als besonders glücklich. Moderne Technik, ja, aber mit Vernunft, und die Käufer honorierten das.
Die Vierzylinder-Reihe wuchs rasch in drei verschiedene Hauptrichtungen: Basis, Sporttourer und Tourer, und die Technik profitierte außerdem von Neuerungen, die BMW zunächst für seine Automobilpalette entwickelt hatte: Einspritzung, geregelter Katalysator und ABS. Die Zusammenarbeit mit anderen Abteilungen in der inzwischen zum Technologiekonzern aufgestiegenen Unternehmen eröffnete dem Motorrad plötzlich schier grenzenlose Möglichkeiten: Die vielbeschworenen Synergieeffekte waren im Falle von BMW mehr als nur leere Schlagworte.
Das spürten auch die Käufer, und wieder avancierte BMW zu einer Statusmarke, wie einst in den 50ern. Mit der K1 stellte BMW auch ein rollendes Symbol dieses neu erwachten Selbstbewußtseins auf die Räder und leitete daraus wiederum eine 100 PS starke K 100 RS ab, auch wenn diese nur als Zwischenmodell diente. Die Nachfolgerin mit mehr Hubraum, die K 1100 LT, führte dann zur K 1100 RS mit aufregender Optik und noch mehr hochfeiner Technik.
Auch in den unteren Etagen blieb BMW nicht untätig: Der Boxer lebte noch, zunächst nicht viel mehr als ein Lückenbüßer, um die traditionell orientierte Kundschaft zu halten – und maximal mit 800 Kubik Hubraum. Die Kundschaft ging zwar nicht gerade auf die Barrikaden (wenn auch nicht mehr viel fehlte), erzwang aber nach nur zwei Jahren Pause die Rückkehr der Einliter-Boxermodelle. Die Einschwingen-Modelle der R 80-Serie wurden mit der R 100 RS und RT um zwei neue Familienmitglieder erweitert, dienten aber ebenfalls wohl eher als Lückenfüller. Oder waren sie Ausdruck der Orientierungslosigkeit des Herstellers?

Futuro 1980

Als die 70er zu Ende gingen, traute sich BMW, zur IFMA 1980 eine Zukunftsvision auf die Räder zu stellen. Die Futuro hatte den normalen Boxermotor, doch der Rahmen bestand aus verschraubten Gussteilen mit Rohrsektionen und Kantileverschwinge mit horizontal liegendem Federbein unter dem Tank. Scheibenräder, Vollverkleidung und eine geringe Stirnfläche sollten zusammen mit einem Turbolader für hohe Geschwindigkeiten sorgen. Gut, es lag was Neues in der Luft, aber diese Futuro war es nicht.

Sinneswandel und Tradition

Wie dem auch sei: Inzwischen hatte sich die R 80 G/S zum Kultmotorrad gemausert. Nach mehreren Erfolgen bei der Rallye Paris-Dakar hatte die Zubehörindustrie alle Hände voll zu tun. Die Entwicklungsabteilung hatte in der Zwischenzeit eine neue Radführung für die geplante K 1 ausgetüftelt und zeigte diese zuerst an der R 100 GS. Wenn auch die R 80 G/S von 1980 schon Kultstatus errungen hatte, so war das doch nichts im Vergleich zu dem, was 1987 mit der schwarz-gelben R 100 GS folgte: Dieses Motorrad war ein Hit, und nicht einmal die auf 60 PS reduzierte Leistung (damit der Boxer den bleifreien Sprit verkraftete), vermochte die Begeisterung zu dämpfen: Sie bot Fahrspaß ohne Ende und ein Gesamtpaket, das rundum gelungen war. Mehrere Variationen des gleichen Thema folgten.

Die K1 war indes das technologische Aushängeschild des Unternehmens. Auch wenn der Verkauf eher schleppend lief, so setzte diese Maschine BMW doch in ein neues Licht: Die Münchener Motorradbauer hatten (die im Berliner Werk produzierten) die Konkurrenz aus Fernost längst schon überholt. Als bald darauf der für die K1 entwickelte Vierventilmotor Eingang in optisch wie technisch hochmoderne Konstruktionen fand, war das der Vorbote einer regelrechten Innovations-Offensive, der auch andere Produktbereiche von BMW erfasste: 1993 erschien mit der R 1100 RS eine völlig neue Boxerkonstruktion.

Nicht nur der Motor wies eine Vielzahl technischer Neuerungen wie Vierventiltechnik, hoch angebrachte Nockenwelllen und eine komplett neue Motorelektronik auf, auch das Fahrwerk war neu. Außer der Paralever-Schwinge mit Lastwechsel-Ausgleich kam jetzt auch vorn eine entsprechende Lösung (die jetzt Telelever hieß) zum Einsatz. Im Prinzip handelte es sich um eine Schwinge, die am Motor gelagert war und mittels Kugelgelenk zwei Gabelholme mit traditioneller Optik festhielt. Sie arbeitete wie eine Achsschenkellenkung und trennte die Bremse von der Federung, was bei Bremsmanövern zu einem spürbar geringeren Eintauchen der Gabel führte.

Das Konzept ließ sich hervorragend auf eine breite Modellpalette ausweiten. Die entsprechend modifizierte GS avancierte zum großen Renner. Ihr folgte eine nackte Roadster und später auch eine RT.

In der zweiten Hälfte der 90er konnte niemand die Rolle von BMW als multinationales Technologieunternehmen bestreiten, was auch die Motorrad-Palette bestätigte. Die Familie der Reihen-Vierzylinder war mittlerweile auf zwei Modelle geschrumpft, aber was für welche: K 1200 RS und K 1200 LT hießen die beiden mächtigen Muskelprotze, die für ihre Einsatzzwecke optimal ausgestattet (und auch nicht gerade billig) waren.

Musste auch gar nicht sein, dazu war BMW viel zu gut im Geschäft – was nicht zuletzt den Zweizylinder-Boxern zu verdanken war, die in einigen exotischen Varianten erblühten. Wie etwa die Cruiser-Modelle oder die R 1100 S, die zwar billiger als die RS-Ausführung, aber dennoch interessanter war, weil ... irgendwie ... lebendiger. Am unteren Ende der Modellleiter rangierten die kleinen Einzylinder, die in Gestalt der F 650 GS und F 650 GS Dakar im ersten Jahr des 21. Jahrhunderts die neue Philosophie-Richtung des Unternehmens symbolisierten. Das wieder erwachte Interesse am Sport war das Ergebnis zweier großer Gesamtsiege bei der Dakar-Rallye: Irgendwie erinnert die Situation an die großen BMW-Rennerfolge der 50er (und der 30er). Der Kreis hat sich geschlossen. Und die Einzylinder wie auch die Boxer haben an dieser BMW-Renaissance einen nicht geringen Anteil.

Mehr als 13 Jahre lang bildete die zum Modelljahr 1970 eingeführte neue Boxer-Generation das Rückgrat der BMW-Produktion. Die Werbung dieser Zeit suchte eine neue Ausrichtung – und fand sie letztlich auch. Ob die Modellpalette sich dabei der Werbung (oder der Marketingabteilung) anpasste – oder umgekehrt – ist egal, aber es ist bemerkenswert, dass ein nahezu unverändertes Basisprodukt so viele Rollen spielen durfte. Zu Beginn unserer Geschichte gab es in der BMW-Werbung nur das Motorrad als Produkt, wobei bei der Werbung für die ersten zwei Modellreihen diejenige für die heute fast schon legendäre R 90 S herausragt. Dennoch: Verschiedene Rollen, und keine wirkte den Boxer-Modellen wie aus der Ölwanne gefräst. Eine gewisse Orientierungslosigkeit ist nicht zu übersehen: Zuerst biedere Vorstellungen einzelner Motorräder, dann etwas Romantik und schließlich Technik in eigener Sache, auch wenn die Romantik hier mitspielen durfte. Die Sache sieht nur etwas anders bei den R 100 RS aus, dem BMW-Paradestück. Zumindest diese spielte immer ihre Rolle als Aushängeschild, bis 1983 die Vierzylinder erschienen.

R 75/5, 1970

Dass die Marke noch mit einem Bein in der Vergangenheit stand, beweist hier die amerikanische Werbung aus dem ersten Modelljahr: Schwarz-weiß in schlechter Druckqualität und mit retuschierten Details, wie hier die Tankembleme. Die engagierten Fotomodelle versuchten auch wirklich alles, um nicht wie Motorradfahrer auszusehen, eine Unsitte, die vor allem in der internationalen Werbung noch lange herrschen sollte.

BMW wird lebendig
Offensichtlich wechselte der amerikanische Importeur 1970 die Werbeagentur und führte nicht nur Farbe ein, sondern auch Texte mit etwas mehr Pep: »Draußen, wo keine Neonlichter mehr blinken und der Verkehr sich keine Wege bahnt, gibt es einen gold-grünen Weg durch den Wald…«. Der Fahrer hätte doch seiner Beifahrerin einen passenden Helm spendieren sollen.

Thema Deutsch: Wunderbike 1972
Die frühen 70er waren eine Zeit des Umbruchs. Alles wurde (nach Woodstock und so) in Frage gestellt und diese Neuorientierung kam vor allem der Marke BMW zu gute. »Deutsch« rief in den USA nicht mehr böse Erinnerungen an den mittlerweile 25 Jahre zurückliegenden Weltkrieg hervor, sondern stand vielmehr für Tradition und Qualität.

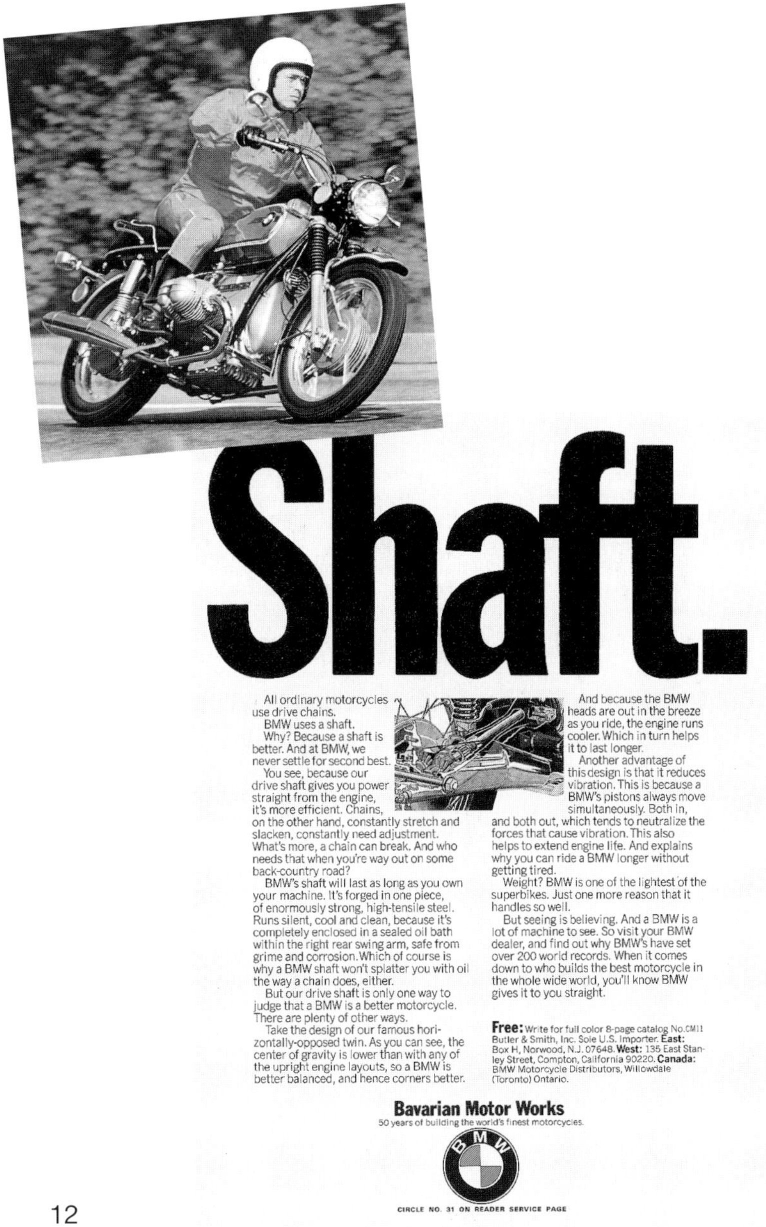

Kettenreaktion: Shaft

Kardanwelle heißt auf Englisch »driveshaft«, kurz »shaft«. Als Verb steht dieses Wort für »ausgenutzt zu werden«, und in den Kinos lief zu der Zeit unter diesem Titel ein Film über einen begabten Hochstapler. Deshalb machte es durchaus Sinn, dass die amerikanische Werbung mit diesem Wort spielte.

Andere Werbemotive waren ähnlich pfiffig und fragten, wer eigentlich Ketten braucht und illustrierten diese Werbebotschaft mit einem Jagdfalken, der auf dem Arm seines Pflegers sitzt. Und dieser wiederum hockte im Sattel einer goldenen R 75/5, die mit dem in den USA so populären 18 Liter-Tank ausgestattet war. Das gleiche Thema schnitt die französische Werbung an: Um 1000 km in einem Schlag fahren zu können...

Who needs chains?

You don't. Drive chains mean trouble. They need constant maintenance and adjustment, and what's a whole lot worse, they can break.

Which is why all BMW's have shaft-drive. It's the most efficient and reliable way there is to deliver power to the rear wheel. Chains are simply not good enough for a BMW.

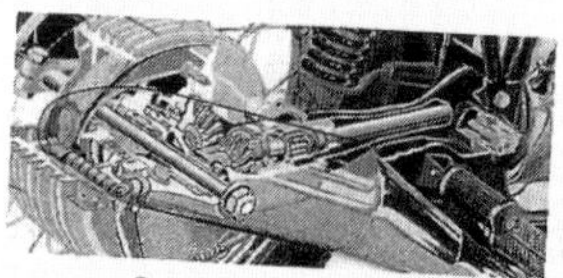

Our shaft is one-piece drop-forged steel, and there's nothing stronger. It turns in a completely sealed oil bath, silent, dependable and clean. No fuss, no bother, and no breaks.

When you think about it, shaft-drive is typical of a BMW. Because it's another better way of building a motorcycle.

Like our horizontal twin-cylinder layout that means greater balance, cooler running, and less vibration. Or the way we finish engine parts so precisely that a BMW just seems to run forever.

But what does all this really mean to you? It means a bike that's like nothing else on earth to ride.

Jump on, punch the starter, and feel that ghost-quiet surge as you take off. Man, that's real power—not just a lot of noise. You lean through turns, you head for the wide open spaces, and you want to go and go and go.

So what are you waiting for? Visit your BMW dealer. You have nothing to lose but your chains.

See your nearest BMW dealer or write for free brochure CW-6 Butler & Smith, Inc. Sole U. S. Importer. East: Box H, Norwood, N. J. 07648. West: 135 East Stanley Street, Compton, Calif. 90220. Canada: BMW Motorcycle Distributors, Willowdale, Ont.

BMW
Bavarian Motor Works
Munich, City of the Olympics.

Europäische Realität 1972
Zu Hause gab sich die Werbung etwas nüchterner. Die Fotomodelle mussten sich vorsichtig ihren Weg auf verlassenen Schotterpisten durch die Schneeschmelze suchen und hatten dabei nicht mehr als einen Allwetteranzug und einen offenen Helm an.

Jubiläum
1973 war es an der Zeit, den 50. Geburtstag zu feiern und die Titelseite des Werkskalenders zeigte eine R 75/5 zusammen mit der ersten R 32 von 1923. Diese setzten die vergangenen Jahrzehnte nicht nur effektvoll in Szene, sondern wies auch einen Weg, der in der hauseigenen Werbung bald öfter beschritten werden sollte: Tradition.

Strich sechs, die erste

Die frühen 70er waren turbulente Zeiten, auch in der Motorradbranche. Nach der Vorstellung der neuen BMW war Kawasakis Z1 erschienen, die mit einer gemessenen Spitze von über 220 km/h die Latte noch einmal höher gelegt hatte. Es gab jetzt kein Zurück mehr, aber, nach Art des Hauses, erlegte sich BMW eine gewisse Zurückhaltung auf. Die amerikanische Werbung spielte auf eine Aussage des damaligen Präsidenten Nixon an, der von der »schweigenden« oder »stillen Mehrheit« gesprochen hatte. Entsprechend wurden die neuen /6-Modelle als »stille Superbikes« bezeichnet. Mit dieser Serie ergänzten zwei 900er die Modellpalette, die R 90/6 und die R 90S.

Die wilden Siebziger

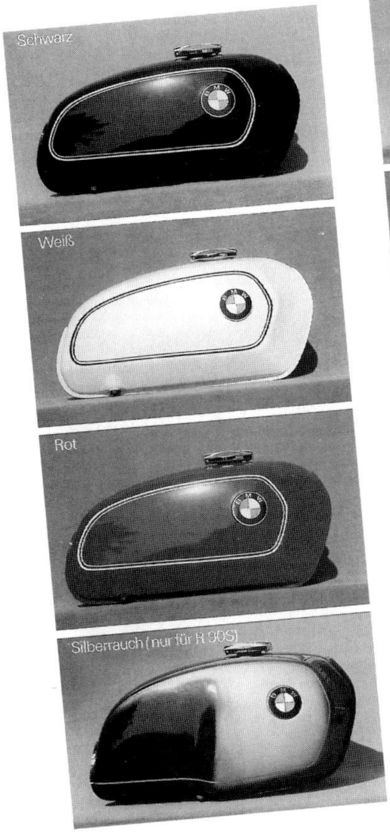

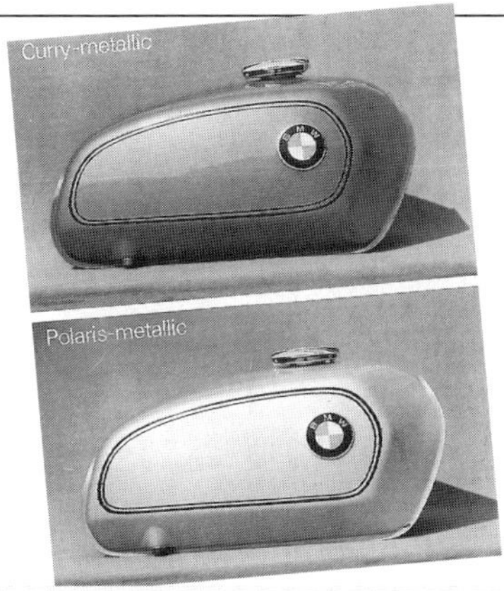

Unverbindliche, empfohlene Richtpreise in DM, unverpackt ab Werk Berlin, incl. MWSt. Preise für Zubehör gelten bei Bandmontage		BMW R 90 S 900 ccm, 67 PS DM 8510.–	BMW R 90/6 900 ccm, 60 PS DM 7150.–	BMW R 75/6 750 ccm, 50 PS DM 6650.–	BMW R 60/6 600 ccm, 40 PS DM 5745.–
Metallicfarbe	DM 66.–	Silberrauch			
Einfache Scheibenbremse	DM 265.–		Serienmäßig	Serienmäßig	
Doppelte Scheibenbremse (nicht bei R 60/6)	DM 382.–	Serienmäßig			
Cockpit-Verkleidung mit Instrumenten (incl. Voltmeter und Zeituhr)	DM 298.–	Serienmäßig			
Voltmeter mit Halterung	DM 41.–	Serienmäßig			
Zeituhr mit Halterung	DM 62.–	Serienmäßig			
Tankverschluß, abschließbar	DM 15.–				
Hochgezogener Lenker mit Bowdenzügen	DM 33.–	Nicht lieferbar			
Windschutzscheibe	DM 114.–				
2 Zusatzscheinwerfer	DM 169.–				
Suchscheinwerfer	DM 75.–				
22 l-Tank	DM 29.–				
Zylinderschutzbügel	DM 85.–				
Gepäckträger	DM 62.–				
Gepäckträger mit Lederpacktaschen	DM 271.–				
Hochgeschwindigkeitsreifen hinten und vorn	DM 21.–	Serienmäßig	Serienmäßig		

Wenn Sie die Preise für die Maschine und das Zubehör Ihrer Wahl in die dafür vorgesehenen Spalten setzen, können Sie den Grundpreis Ihrer BMW sofort errechnen.

Bunte Zeiten

Ein kleiner Prospekt zeigte die ab Werk erhältlichen Lackvarianten, sieben insgesamt, plus die Zweiton-Lackierung des neuen Spitzenmodells, die R 90 S. Im gleichen Prospekt ist zu lesen, dass ein Gepäckträger DM 62.– kostet und und ein abschließbarer Tankdeckel gerade mal DM 15.–.

More Sheer Riding Pleasure

Practical Tips

Helmet, Goggles and Gloves

Although wearing a helmet is not required by law in all countries, you should still make it a rule to put on your helmet whenever — and we mean whenever — you take out your bike. After all, a small bump on the side of your car is nothing compared with the same bump on the side of your head when you're not wearing a helmet.
It's also worth considering that when an accident happens the insurance company will want to know whether you had your helmet on. If your answer is no, you might find yourself in trouble.

1

2

3

There are three basic types of helmets you can choose from: Semi-shell helmets (1), jet helmets (2), and "integrated" helmets (3). When buying a helmet it's very important to note that it bears a test symbol to signify official approval.

Unfortunately, these symbols often look very different depending on the country where the helmet was made. For reasons of safety, it's also important to buy a helmet that other people on the road can see very clearly. The best colour is phosphorescent orange, whereas blue and red are not very good. (In this brochure, we'll refer to the importance of being seen quite a number of times later on.)
It's not as easy as it might seem to paint a helmet after you've bought it. Fibreglass is the only material that is not damaged by chemicals such as petrol, benzene, nitro-enamel, etc.
It's also important to note that these chemicals will make some helmets weaker or even completely useless without your noticing it.

Always buy a jet helmet together with a suitable pair of goggles as otherwise you'll find it difficult to get goggles to match.
Make sure that the goggles (4 and 5) do not only rest properly on your face and the helmet but also have safety glass and if possible no metal frame. There are also so-called integrated or full protection helmets which are becoming more and more popular. Don't let yourself be put off from buying such a helmet just because some people say it's like sitting behind a car windscreen. That's not true. In fact, you'll certainly be satisfied by the wind that comes in at the bottom. Still, it's worth noting that these helmets are not only more expensive, but also heavier than conventional ones. The visor is held in position by two buttons so it can't be swivelled up as easily as you take off a pair af goggles.

4

5

Obviously, there are a number of advantages: Visibility is very good and you don't need any goggles or a kerchief to protect your mouth when you've got one of these helmets.
It's important to make sure that the helmet fits properly — above all at the temples and on your forehead.
If you wear glasses you'll have to buy a pair of special goggles which are sometimes not easy to get. So here again an integrated helmet can come in very handy.

Freude am Fahren, 1974

Zu dieser Zeit erweiterte sich das Angebot von Drucksachen aus München. Erstmals erschienen Publikationen ohne direkte Produktinformationen. Auf 48 Seiten stellt diese Broschüre praktische Tipps und Kaufberatungen vor. Dass der Fahrer auf der Titelseite in Jeans und Jeansjacke herumfährt ist ein Zeichen der Zeit, ebenso wie auch die Vorstellung verschiedener Kopfbedeckungen. Die praktischen Fahrtipps auf diesen 48 Seiten haben aber noch heute Gültigkeit. Der Titel der Broschüre selbst greift den Slogan auf, den BMW auch in der Automobilwerbung nutzte.

R 90/6, 1974
Bei der zweiten Baureihe der jüngsten Boxergeneration war nicht nur die Scheibenbremse neu: Auch ein Hauch von Eleganz fand sich mittlerweile bei den Maschinen (und ihrer Werbung).

R 90 S, 1974

Die R 90 S war bei der Vorstellung im Herbst 1973 mit ihren 898 Kubik Hubraum und 67 PS bei 7000/min eine echte Sensation. Die Nennleistung war mit der der Honda CB 750 identisch, in Wirklichkeit aber lief die BMW noch einen Tick schneller. Nur die Kawasaki Z1 mit ihrem Vierzylindermotor und doppelten, obenliegenden Nockenwellen war auf der Geraden schneller.

Wenn auch die BMW-Modelle mitunter als bieder galten, so konnten interessierte Fahrer doch stets bei Zubehöranbietern fündig werden – etwa bei der Firma Fallert, bekannt für BMW-Sportumbauten.

FALLERT sport Qualität · Formschönheit · Aerodynamic

1

Die 81 PS Fallert Sport BMW – Konsequent auf Aerodynamik und Sportlichkeit ausgelegt! Verkleidung und Sitzbankschale werden aus hochwertigem glasfaserverstärktem Kunststoff (SFK) handlaminiert gefertigt. Diese Herstellung garantiert geringes Gewicht, hohe Festigkeit.

Höchstgeschwindigkeit über 215 km/h.

2

3

Niederes Rahmenheckteil aus hochwertigem Präzisionsstahlrohr, Verbindungen gemufft, für 1-2 Mann-Sportsitzbank, Sitzhöhe: 735 mm, daher tieferer Schwerpunkt. Sie sitzen nicht mehr auf, sondern in der Maschine.

Durch einfaches Aufsetzen des Höckerteils können Sie den 2-Mann-Sportsitz in einen 1-Mann-Höckersitz leicht umbauen.

Dabei bleibt ihre 2-Mann-Bank unter dem Höcker unverändert.

Unsere Sportsitzbank kann sowohl mit dem BMW-Originaltank sowie mit unserem Alu-Sporttank kombiniert werden.

Fallert bot sportlich ambitionierten BMW-Fahrern eine ganze Menge Möglichkeiten, ihr Geld loszuwerden. Im Angebot standen neben umfangreichen Motor-Modifikationen vor allem Fahrwerks- und optisches Tuning. Ganz billig war der Spaß allerdings nicht.

KEiM VOLLVERKLEIDUNGEN

Verkleidungsbeispiel BMW R 100

Verkleidung lieferbar für
alle BMW R 60 BMW R 45
BMW R 75 BMW R 60
BMW R 80
BMW R 90
BMW R 100

Verkleidung wahlweise mit

- **Rechteckscheinwerfer**
- **Doppelscheinwerfer**

Sonderzubehör:

- Blinker und Halter
- Spiegel

Bei dieser Verkleidung kann der Originallenker beibehalten werden.

Eine speziell für dieses Motorrad entwickelte Schale fügt sich harmonisch im Design an den Motorblock der BMW an.

Tüv geprüft

Die wilden Siebziger waren die große Zeit der Zubehör-Hersteller. Eines der größten Verkleidungs-Programme lieferte die Firma Keim aus dem schwäbischen Wiernsheim, die den Boxern eine sportliche GfK-Schale mit modischem Rechteckscheinwerfer verpasste. Die Firma existiert heute noch, ist aber inzwischen vor allem als Zulieferer auf dem Automobilsektor tätig.

... wenn es darum geht, mit einem Doppeldecker um die Wette zu fahren. (USA 1977)

Weg-Weiser

Wie recht der Werbetext hatte, konnte damals niemand ahnen. Bislang hatte man die Produkte einfach nur so vorgestellt. Ab der R 100 RS versuchte man in der Werbung den Spagat zwischen zwischen zukunftsweisender Technik und ... Tradition, ein Wort, das später noch größer geschrieben werden sollte, zum Beispiel ...

Die Achtziger: Technik pur

In den achtziger Jahren traute sich BMW zum ersten Mal, gegen die Konkurrenten unter gleichen Bedingungen anzutreten, beinahe zumindest. Zwar erschienen jetzt wassergekühlte Multizylinder mit viel Elektronik, aber so richtig wollte man beim Leistungswettrüsten doch nicht mithalten. Stattdessen wurde kräftig am Image gefeilt, Tradition und Solidität gehörten zu den Schlagworten. Das Bild vom guten Arbeitspferd, so hervorragend durch die Vollschwingenmodelle zwischen 1955 und 1969 gezeichnet, ließ sich mit etwas Mühe auch auf die neuen Vierzylinder übertragen.

Programm 1981

Das komplette Programm für 1981 war umfassend, da im Herbst die R 80 G/S hinzugekommen war. Die RS ging jetzt in ihr viertes Modelljahr, die RT in ihr drittes. Das Zubehörangebot für die RT war jetzt schon viel größer als für jedes andere Modell – wo sonst gab es ausklappbare Zusatzscheinwerfer, die in die Verkleidung integriert waren? Nivomat-Federbeine gehörten ab diesem Modelljahr zur serienmäßigen Ausstattung der RT, und die übrigen Zubehörteile waren für die gesamte Modellreihe erhältlich. Auf diesem Foto hat die CS noch Drahtspeichenräder, die später wegen Belastungsschwächen in der Produktion gegen Gussräder ausgetauscht wurden. Die amerikanische Werbung machte viel aus den harten Bedingungen der deutschen Autobahnen, aber auch aus den Spitzkehren in den Alpen. Nur eine Marke erfüllt die harten Lebensbedingungen dieser Extremsituationen ...

Year of the Sport
»Vorausgesetzt, der Kunde kann den Druck auf seine Brieftasche ertragen«, dann wäre die 90 S keine schlechte Wahl, schrieb Cycle im Juni-Heft 1974. In einer Titelgeschichte über alle spannende, sportliche Exoten auf dem Markt, durfte die R 90 S auf der Titelseite eine zentrale Rolle zusammen mit Ducati 750 S und Moto Guzzi V 7 Sport spielen. Übrigens: Die Ducati kostete in den USA damals $ 2500,–, die BMW 3430 Dollar. Bei der Einführung in Deutschland kostete sie DM 8510.–, zum Jahresende 1973 schlug sie mit 9130 Mark zu Buche.

Daytona Orange, 1975

Schon nach einem Modelljahr wurde die ganze /6-Reihe modifiziert, erhielt gelochte Bremsscheiben, neue Armaturen und schwarzlackierte Blinker. Die Antwort auf die Frage, warum man einen Stoßstangen-Zweizylinder wählen soll, wenn andere Hersteller komplexe Multizylinder anbieten, ließ sich einfach beantworten: Weil sie einfach sind, einfach zu fahren, einfach zu warten und zu besitzen. Nur vom »einfach zu bezahlen« war keine Rede … – Die R 90 S mit dieser Lackierung wurde nach dem Sieg im weltersten Rennen, das die Bezeichnung »Superbike« trug, zum Klassiker: Motorräder der Marke BMW holten im März 1976 in Daytona drei der ersten vier Plätze, alle drei mit dieser schon angebotenen, orangefarbenen Lackierung.

Die Zukunft

Zwischen 1955 und 1977 war nur ein einziges Motorrad mit Vollverkleidung erschienen, eine ziemlich miese, pragmatische Maschine, die die vom Aussterben bedrohten Marke Royal Einfield präsentiert hatte und nur als Fußnote in die Motorradgeschichte einging. Die R 100 RS vom Herbst 1976 dagegen war eine Sensation mit Folgen. Unter Federführung von Hans A. Muth (der auch hinter der R 90 S stand) hatten die BMW-Techniker das Konzept des Wetterschutzes hervorragend interpretiert. Dass die Werbung auf die Motorsporterfolge in der Gruppe 2 mit den CSL-Boliden anspielte, war wohl ein Versuch, einer eventuellen Ablehnung durch die Käufer vorzubeugen. Man hätte sich aber da keine Sorgen machen müssen, die RS und die Idee, eine sportliche Maschine mit Vollwetterschutz zu gestalten, machten Schule.

Modellpalette, die dritte
Während bei der /6-Serie die Hubraum-Messlatte der Spitzenmodelle auf 900 Kubik hochgelegt wurde, erschien jetzt eine auf 980 Kubik aufgestockte Variante. Die Technik unterschied sich ansonsten nicht viel von der der Vorgänger, nur dass die RS Gussfelgen aufwies. Die gesamte Modellfamilie hatte jetzt Benzintanks, die wie bei der R 90 S geformt waren, aber über versenkte Tankdeckel verfügten. Die RS lieferte 70 PS, die sportliche R 100 S (mit Cockpitverkleidung) in dieser ersten Ausführung 65 PS, und die normale R 100/7 nur 60 PS.

R 100 RS, 1981
Die vermeintlich letzte Generation der 1000er Boxer wurde von der RS als Spitzenmodell gekrönt. Diese 1981 modifizierte Version hatte Bremsen von Brembo, eine elektronische Zündung und Nikasil-beschichtete Zylinder. »Das Massenangebot kann nicht jeden befriedigen, schon gar nicht auf Dauer. Die deutsche Schule des Motorradbaus – getragen von einer der heute wenigen europäischen Traditionsmarken – wird immer stärker von Fahrern bevorzugt, die ihre Erfahrungen mit dem standardisierten Massenangebot hinter sich haben.« So diese Werbung, die an den Korpsgeist eingeschworener Boxerfahrer appellierte.

R 100 RT, 1982
Zahlen, Zahlen, Zahlen: Für jedes Motorrad, das BMW baut, rollen bei Suzuki 45, bei Yamaha 68 und bei Honda fantastische 86 Stück vom Band. Der Text redet weiter von Qualität, persönlicher Sorgfalt und Handwerkskunst. Jeder Rahmen trägt den Stempel desjenigen, der ihn zusammen geschweißt hat, und so darf die RT ruhig die teuerste ihrer Klasse sein: »Wenn andere Motorräder so gebaut worden wären, wären sie auch teuer.«

Eine neue Form für 1. Klasse in der BMW Kompaktklasse, Verstärkung für die erfolgreichen BMW R 45, BMW R 65: Die neue BMW R 65 LS.

Diese Maschine interpretiert die klassische, temperamentvolle BMW R 65 neu. Ihr funktionales Design wurde mit aerodynamisch und mechanisch voll durchentwickelten Bauelementen noch attraktiver eingekleidet. Das lenkerfeste Cockpit und der schlanke Heckbürzel sind im BMW Windkanal abgestimmt. Die ausgeprägte Spoilerform verringert den Auftrieb am Vorderrad um rund 30% und verbessert das bereits von der BMW R 65 bekannte exzellente Fahrverhalten. Form übernimmt so Funktion. Eine neue Sitzposition und die Abstimmung der neuen Sitzbank auf den sportlich nach unten gekröpften Lenker sorgen für optimales Handling.

Neue Grundlage für ein neues Fahrerlebnis: R 65 LS mit patentierten BMW Alu-Compound-Rädern.

Bei dieser zukunftweisenden Rad-Technologie wird in einem aufwendigen Spezialverfahren der Felgenkranz aus hochfestem, gehärtetem Aluminium formschlüssig in den sternförmigen Radkörper aus Alu-Druckguß eingegossen. Damit verbindet dieses Rad das erste Mal die Vorteile der hohen Elastizität von gehärtetem Aluminium beim Kranz mit den Vorteilen der hohen Druckfestigkeit und Quersteifigkeit des Gußrades. Wobei die bogenförmige Anordnung der Speichen eine definierte Elastizität des gesamten Verbundes garantiert. Die wesentlichen Vorteile: keine Festigkeitsprobleme durch mögliche nachlassende Nietenspannung, erheblich bessere Wärmeableitung bei den Bremsen durch die gute Leitfähigkeit des Aluminiums und einwandfreie Wärmeübergänge sowie ein um 20% günstigeres Gewicht als Alu-Gußräder. Serie: Doppelscheibenbremsen vorn.

Entscheiden Sie sich mit der R 65 LS für einen Höhepunkt deutscher Motorrad-Tradition mit europäisch-sportlichem Erscheinungsbild. Starten Sie auf ein neues – auf einer Neuen: BMW R 65 LS.

BMW R 65 – Faszination großer Fahrkultur in der Motorrad-Mittelklasse.

Die hervorragende Leistungsentfaltung, das erstklassige Fahrwerksniveau und die exzellenten Handlingeigenschaften machen die R 65 zu einem idealen Motorrad.

BMW R 45 – der Einstieg zum Fahrvergnügen in der BMW Kompaktklasse.

Die BMW R 45 besitzt in der Mittelklasse die Merkmale der großen Vorbilder: ein leistungsfähiges Trieb- und Fahrwerk, hohe Qualität und ein vorbildlich problemloses Handling – eine Summe von Eigenschaften, die ein zukunftssicheres Motorrad auszeichnen.

R 45 und R 65, 1978-85

Diese Mittelklassemodelle, 1978 eingeführt, sollten Einsteigermodelle sein. Die kleinere Variante hatte 474 Kubik und 27 PS, die größere 650 Kubik und zunächst 45, dann 50 PS Leistung. Im Ausland lief die R 45 mit 35 PS und erfreute sich dort größerer Popularität als hier. Beide Modelle fielen beim Großreinemachen der Modellpalette 1985 aus dem Programm.

R 65 LS, 1981

Es gab Stimmen, die meinten, eine leichte Sportmaschine könnte durchaus Käufer finden. Der Leichtbau aller BMW-Modelle dieser Zeit, im Vergleich zur Konkurrenz, durfte dabei durchaus als Argument gelten. In der Optik an italienische Entwürfe angeglichen (die schwarzlackierte Tankunterseite ist zum Beispiel bei der Guzzi Le Mans zu finden), sah die Neue zwar knackig aus, war aber mit ihren 50 PS doch kein echter Konkurrent für die sportlichen Typen aus dem Feindeslager. Mit der gleichen Technik wie die Serien-R 65 (abgesehen von der serienmäßigen Doppelscheibe vorn) ausgestattet, war sie außerdem nicht schneller, sondern blieb bei 175 km/h hängen.

R 80 G/S, 1981
Sie machte Schule, obwohl das niemand bei der Vorstellung im Herbst 1980 ahnen konnte. Eine G/S, oder wie sie heute heißt, GS (ohne Schrägstrich) ist aus dem BMW-Programm nicht mehr wegzudenken.

R 80 G/S, 1981
Weltenbummler, oder die, die es gerne wären, beflügeln mit der GS ihre Phantasie: Sie ist ein Vehikel der Träume und sieht außerdem vor der Eisdiele gut aus. Dass die aufrechte Sitzposition, die langen Federwege und der mit reichlichem Dampf aus dem Keller gesegnete Boxer aus ihr dazu auch noch ein Kurvenräuber erster Klasse machen, haben schon viele Besitzer PS-protzender Rennreplikas erfahren müssen – auch hinter dieser ersten Version mit 50 PS aus 800 Kubik.

R 80 ST, 1983
Da die meisten Besitzer der G/S sowieso sich meist auf der Straße bewegten und viele davon ihre Motorräder mit Straßenausstattung versehen hatten, meinte BMW, eins drauf legen zu können. Die 1982 vorgestellte R 80 ST war eine G/S mit Straßenbereifung (19 und 18 Zoll), geringeren Federwegen und »zivilerer« Beleuchtung. Ein Seller war sie nicht gerade, auch wenn das Konzept ins Programm passte. »Der Unterschied zwischen Motorrad fahren und Motorrad ringen« beschrieb diese Werbung so: »Wir haben nie geglaubt, dass große Bizeps, ein kräftiger Nacken und die Fähigkeit, Klaviere zu stemmen, fürs Motorradfahren nötig sein sollten.«

Image
Weltweit folgte jetzt Werbung, die mehr mit PR als Produktinformation und Endkundenansprache zu tun hatte. Imagefördernde Bilder und Texte untermauerten die Bedeutung der Marke BMW und verwiesen auf die ausgereifte Konstruktion. In USA galt ab 1983 drei Jahre Garantie, ohne Kilometerbeschränkung – gewährt vom einzigen Hersteller, der es wagt, das anzubieten.

Tradition
Rennerfolge illustrieren diese Werbung über den Motor, der »eine ganze Motorradfabrik 60 Jahre getrieben hat. In der Regel schaffen Motorradfabriken Motorradmotoren. Hier dagegen haben wir einen Fall von einem Motor, der eine Fabrik schuf.«

Langstrecke
Als Teil der neuen, imagefördernden Kampagne erschien in den USA diese wunderschöne Doppelseite mit zufriedenen Kilometerfressern. Im Text lesen wir über einen gewissen Jim Klas, der die neuen Garantiebedingungen ganz besonders zu schätzen weiß. Schließlich hat er in den letzten sechs Monaten schon 50 000 Meilen zurückgelegt, schlappe 80.000 Kilometer...

Langsam tut's auch
Diese Werbung propagierte Tempobeschränkungen und meinte damit auch solche in der Produktion ... Dass die amerikanische Werbung gerade 1984 Image und Qualität besonders unterstrich, lag daran, dass die K-Modelle erst im Herbst 1984 dort eingeführt werden sollten. Daher galt es, diese typischen BMW-Werte zu betonen, ohne die K zu erwähnen. Doch alle Appelle zu einer Tempobegrenzung fruchteten nicht, die K musste früher als geplant auch amerikanischen Käufern vorgestellt werden.

Die Letzte
Als Abschiedsvorstellung der 1000er Boxer entstand die R 100 RS. Diese »Last Edition« war auch in Europa erhältlich, doch der Effekt verpuffte etwas, da die Zahl der angekündigten Exemplare wegen ständig wachsender Anfrage erhöht wurde.

Last Edition
In den USA lief es umgekehrt; die Nachfrage kam fast zum Erliegen, als bekannt wurde, dass schon ein Vierzylinder in Produktion war. Dadurch verlegte BMW die Einführung in den USA um mehrere Monate vor.

Die K-Reihe, 1983-1984
Schlicht und einfach, zeigte BMW in der Werbung eine selten zuvor gesehene Stärke. Weltweit. Mit der K 100 beschritt nicht nur BMW neue Wege, sondern sollte sich als wegweisend für Motorradtechnik überhaupt erweisen, ohne mit PS-Zahlen zu protzen. Die erste Baureihe mit Zweiventiltechnik begnügte sich mit einer Leistung von 90 PS, erzeugt in vier wassergekühlten Zylindern. Die vollelektronische Zündung mit Einspritzung verhalf dem Motor zu einer hohen Laufkultur, auch wenn Besitzer dieser ersten Modelle sich über kribbelnde Füße beschwerten.

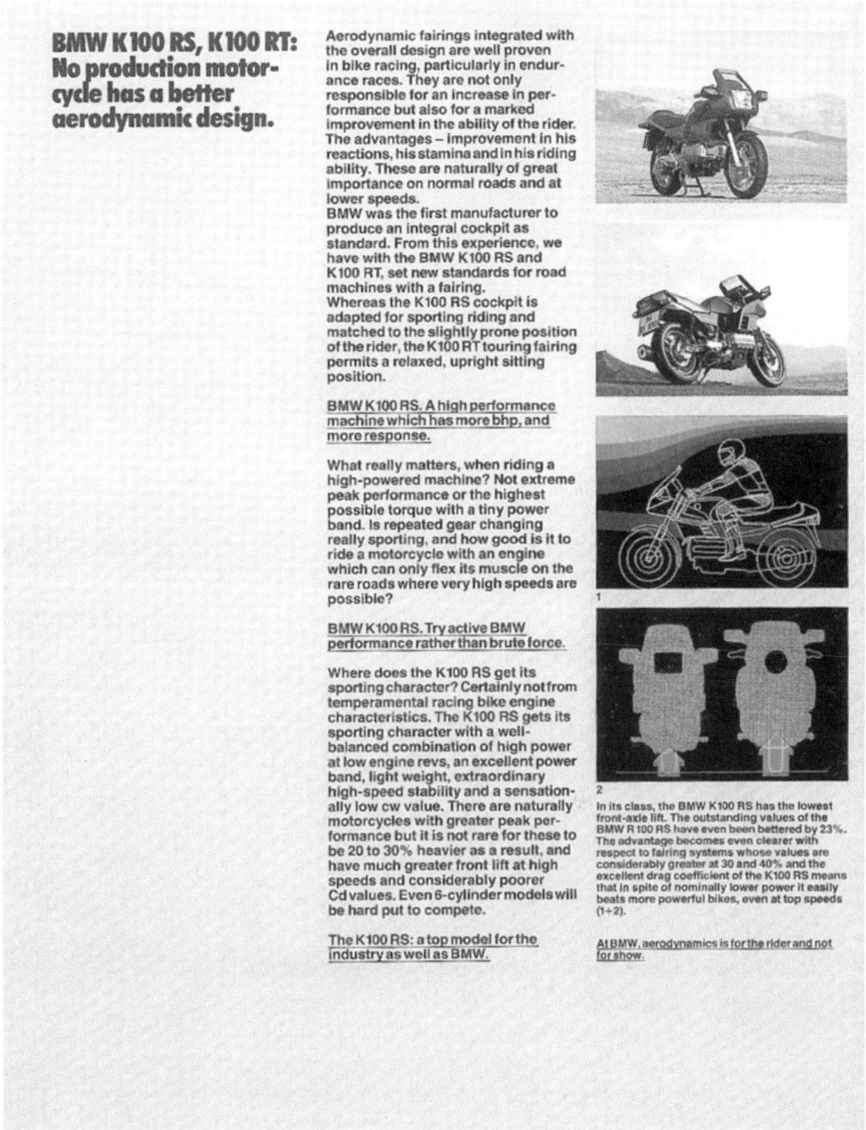

BMW K100 RS, K100 RT: No production motorcycle has a better aerodynamic design.

Aerodynamic fairings integrated with the overall design are well proven in bike racing, particularly in endurance races. They are not only responsible for an increase in performance but also for a marked improvement in the ability of the rider. The advantages – improvement in his reactions, his stamina and in his riding ability. These are naturally of great importance on normal roads and at lower speeds.
BMW was the first manufacturer to produce an integral cockpit as standard. From this experience, we have with the BMW K100 RS and K100 RT, set new standards for road machines with a fairing.
Whereas the K100 RS cockpit is adapted for sporting riding and matched to the slightly prone position of the rider, the K100 RT touring fairing permits a relaxed, upright sitting position.

BMW K100 RS. A high performance machine which has more bhp, and more response.

What really matters, when riding a high-powered machine? Not extreme peak performance or the highest possible torque with a tiny power band. Is repeated gear changing really sporting, and how good is it to ride a motorcycle with an engine which can only flex its muscle on the rare roads where very high speeds are possible?

BMW K100 RS. Try active BMW performance rather than brute force.

Where does the K100 RS get its sporting character? Certainly not from temperamental racing bike engine characteristics. The K100 RS gets its sporting character with a well-balanced combination of high power at low engine revs, an excellent power band, light weight, extraordinary high-speed stability and a sensationally low cw value. There are naturally motorcycles with greater peak performance but it is not rare for these to be 20 to 30% heavier as a result, and have much greater front lift at high speeds and considerably poorer Cd values. Even 6-cylinder models will be hard put to compete.

The K100 RS: a top model for the industry as well as BMW.

1

2

In its class, the BMW K100 RS has the lowest front-axle lift. The outstanding values of the BMW R 100 RS have even been bettered by 23%. The advantage becomes even clearer with respect to fairing systems whose values are considerably greater at 30 and 40% and the excellent drag coefficient of the K100 RS means that in spite of nominally lower power it easily beats more powerful bikes, even at top speeds (1+2).

At BMW, aerodynamics is for the rider and not for show.

K 100 RS

Kurz nach der Uraufführung der nackten K 100 folgte die K 100 RS und avancierte sofort zum Spitzenmodell. Sie verkaufte sich fast 35.000 Mal in zehn Jahren, über 10.000 Einheiten mehr als von der Tourenvariante RT entstanden. Es war wohl die zeitlose Eleganz der RS-Verkleidung, die die Käufer anlockte.

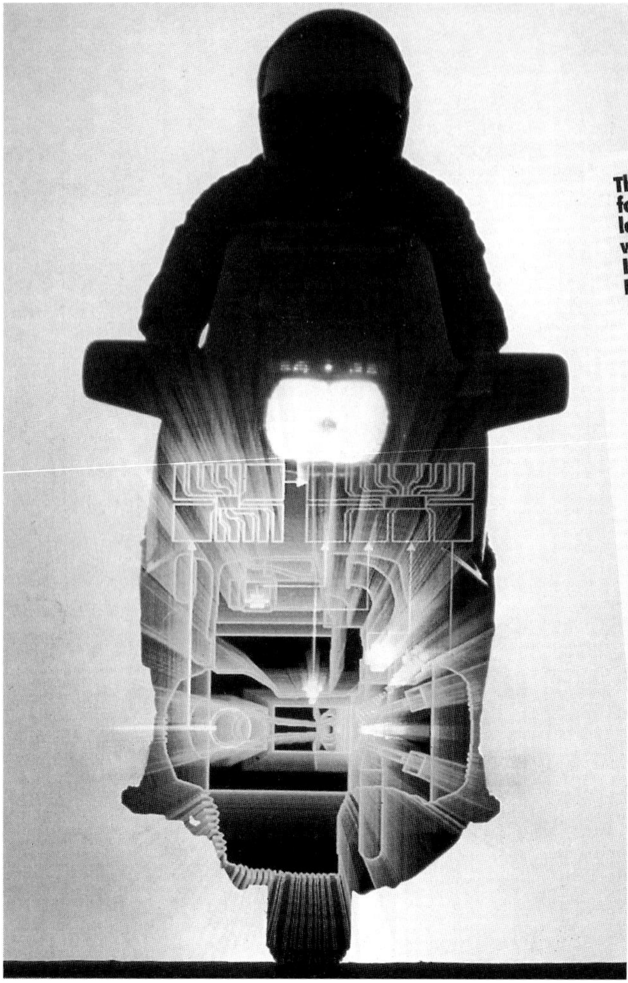

K 100 RS

Hier durften die Techniker sich mit ihrem Können und ihrem Erfolg tatsächlich auch brüsten; von der Technik her gab es nichts aus Japan, was radikaler oder fortschrittlicher gewesen wäre.

The wait for the ultimate four-cylinder has been long, but it has been worth it. Introducing the new BMW Compact Drive.

The Compact Drive System represents drive unit technology from one of the most capable engine manufacturers in the world, BMW. 'Compact Drive' denotes the logical design and technology of a drive line which leads to nothing less than the world's lowest weight in its class. It is an engine unit with power determined by logic.

The BMW Compact Drive System: the logical line of direct power development.

The power is directly transmitted from the crankshaft to the input shaft via oblique primary gearing. Its opposite direction of rotation and the contra-rotating alternator, clutch and universal shaft fully compensate for the engine reverse torque without additional weights (1). Power transmission to the rear wheel is continued in a practical and direct manner with the emphasis on comfort. Initially via the single dry plate clutch with increased-ratio diaphragm spring which is mechanically actuated via the hollow gearbox input shaft and takes up the drive smoothly. Then on to the five-speed, three-shaft gearbox with dog clutches and a mechanical torsional vibration damper at the inlet providing considerable reduction of impact stresses on sudden load changes. Additional dampers in the transmission system increase this effect. The first is located before the clutch and the third is a component of the shaft power transmission which was completely redesigned for the K model single swinging arm (2).

Ride comfort as a component of design – everywhere in the K engine unit.

This can already be seen in the noise-reducing water cooling of the new four-cylinder engines. They were constructed with the perfection of a manufacturer who also belongs to the elite in car manufacturing. The cooling system is split into two circuits and whilst the thermostat short-circuits the cross-flow aluminium radiator during cold starting, it gradually opens up the second circuit with increasing engine temperature. An increasing amount of cooling fluid is then passed through the radiator and the direct connection of the cold-start circuit reduced. At approximately 100° C, the electric fan automatically comes into operation and at 120° C, a relief valve opens the line to the expansion tank (3).

Control of the charge cycle: no less efficient and thought out than crankshaft drive and power transmission.

The intake for fresh air initially passes through a reservoir containing an air measurement device, a plate-type air cleaner and very long intake pipes. They are very carefully matched as far as flow is concerned and, via a dynamic boosting effect, they fill the combustion chambers with as much fuel/air mixture as possible. This gives the extraordinarily high, low speed torque. The exhaust system is perfectly matched to the quick charge cycle from a vibration point of view. It is easy to service, is long lasting and was designed as a divisable unit of special steel (4).

1

2

3

4

5

6

7

8

The proof that high technology is fit for motorcycles.

Such a good, flat, high torque profile offered by the new K-Series is unique over such an engine speed range in machines of this class.
The new BMW attains 80% of its very high maximum torque at only 3400 rpm and 90% of its maximum torque is available over a speed band of over 3000 rpm (5).
The electronic control gives impressive consumption. At a constant 120 km/h (74.5 mph), the RS uses 5.7 liters over 100 km (49.7 mpg) to ISO and only 4.3 l (66.1 mpg) at a constant 90 km/h (56 mph). Its most modern electronic controls play a role in making the fuel consumption lower than the class average.

New electronics also mean new safety in the K-Series.

BMW is well aware that a motorcycle is not like a passenger car and, for this reason, any unnecessary complication of technology was dispensed with. However, BMW has used electronics where they make important contributions to safety and environmental acceptability without involving concessions to reliability and ease of servicing.
The other electronic modules directly improve ride safety. Electronics systems also carry out safety functions; for example, they monitor the rear lights and the corresponding light only goes out when the hand and foot brakes have been checked after starting. This is therefore a form of check control like the one that has been working reliably in BMW cars for many years (6).
The new K models have an electronically controlled, path- and time-dependent direction indicator resetting function.

With this highly advanced new motorcycle generation, BMW demonstrates the feasibility and necessity for motorcycling electronics which are both safe and practical.

BMW has set itself extremely high standards and this is illustrated by the extraordinarily safe and easily maintained systems resulting from long development, checking and testing work on the cockpit electronics. These solutions are sometimes unusual, but always practical: the ignition control unit, which is excellently protected, even thermally, is located in the vacant space between the engine and fuel tank (8).
The injection control unit and the high performance coils can be easily reached from the left-hand side of the machine (7).
Removal of the cover is adequate for monitoring the battery. After this procedure has been completed and the seat lifted, it is also possible to carry out maintenance work or checks on the central electrical system, for example, the fuses or electrical components of the injection system.

The K-Series is backed by the experience of the electronics pioneers, BMW. You can ride reliable and controllable motorcycling technology of the future, today.

A motorcycle for the future needs highly advanced technologies: BMW electronics.

The following are all regulated superbly by electronics in the new BMW K-Series engine unit: best possible torque, even at low engine speeds, optimum running in every ride situation – even in cold-start conditions – favourable energy consumption and very safe environmentally.

Through BMW technology, electronics not only achieves more performance than conventional mechanical methods, but also more reliability.

For many years now, BMW has been a pioneer in electronic car engine unit control. On this basis, BMW has made the most modern vehicle technology, electronics, fit for motorcycling applications. The long test periods for bike electronics and extensive experience in automobile applications are the guarantee that the K drive units are very reliable and durable.

In a motorcycle, ignition and injection were never more effectively combined than in the new BMW K-Series.

The K engine unit has electronically controlled ignition and fuel injection via two computers (1).
The control unit for electronic injection with fuel shut-off, LE-Jetronic, is located under the seat where it is not exposed to vibration and has good protection against moisture.
As a function of intake air and coolant temperature, the air quantity just taken in, the current engine speed and the throttle valve position, this computer controls the quantity of injected fuel and the injection time in a very economical way (2).
The possibilities opened up by electronics are illustrated by the consumption-reducing shut-off, up to an engine speed of 2000 rpm. In this case, the electronics control the fuel supply when the engine is not asked to produce any power.

The ignition pulses for all 4-cylinders are also perfectly programmed in the new K-Series.

To determine the optimum ignition point, the ignition computer beneath the tank does not only process information on the speed and vacuum. The ignition system computer is also connected to the electronic injection system (3).

Figure 4 shows an equidensity photograph of the fuel spray from an injection nozzle (Bosch).

1

2

3

4

Die nackten Tatsachen

Dass der Motor doppelte obenliegenden Nockenwellen besaß und bei 8000/min 90 PS entwickelte, wurde in der Werbung selten herausgestrichen. Stattdessen umschmeichelte BMW die Verbraucher und stellte tiefschürfende technische Informationen in den Vordergrund der Kampagnen, wie die Abbildung einer Zündflamme; oder dass 80 Prozent des Drehmoments schon bei 3400 Umdrehungen anstanden, oder dass 90 Prozent des Drehmoments über einen Drehzahlbereich von mehr als 3000 Umdrehungen zur Verfügung standen.

Aber es geht um's Fahren...
Technik hin oder her, um Fahren geht's und eine Zeitschrift schrieb 1985 über die K 100: »Das erste Hochleistungsmotorrad, das versteht, dass die Welt nicht flach, gerade oder eine Viertel-Meile lang ist.«

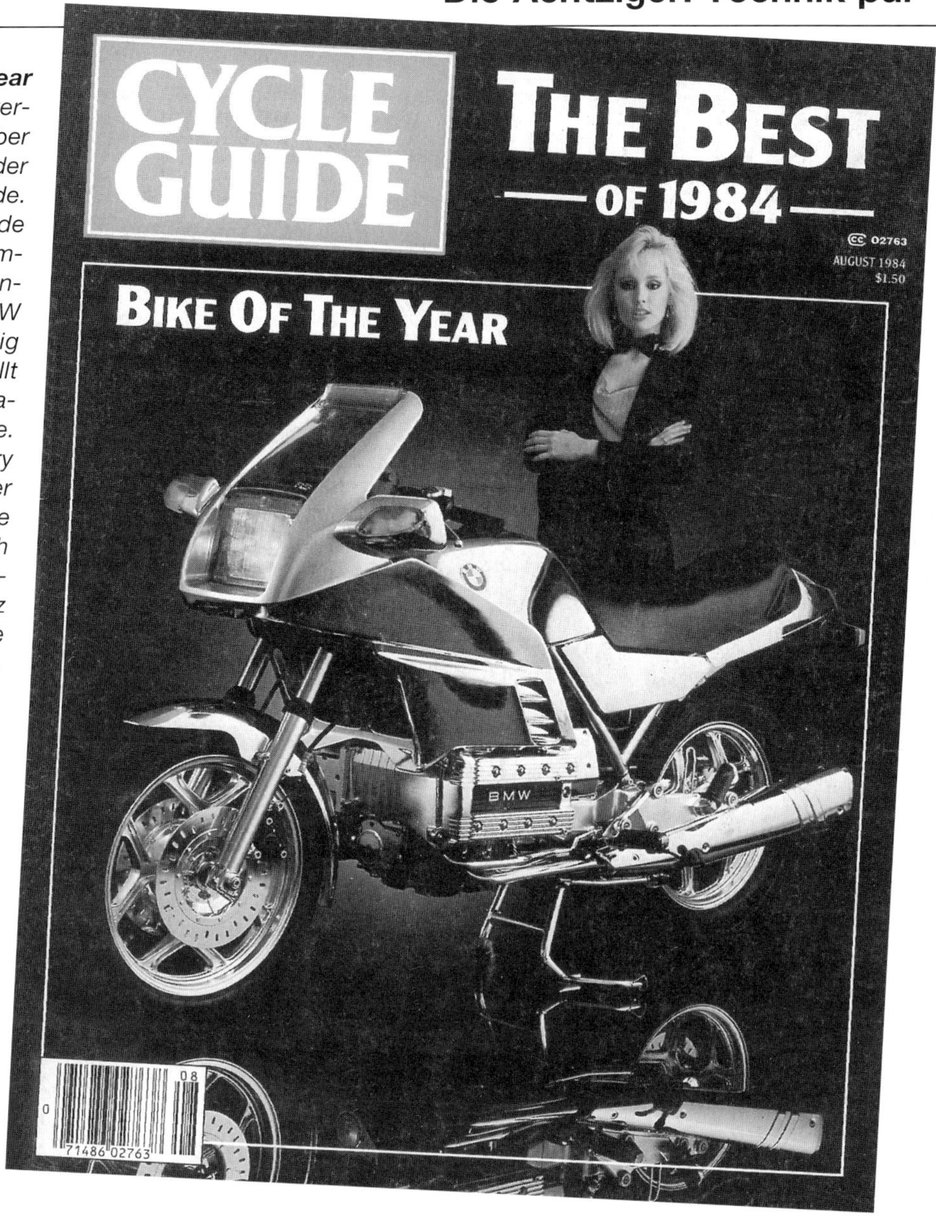

Bike of the Year
Mehrmals wurde die K 100 RS mit verschiedenen Auszeichnungen geehrt, aber keine war so eindrucksvoll wie die der amerikanischen Zeitschrift Cycle Guide. Die Ehrung zum Bike des Jahres wurde jedesmal mit einem verchromten Exemplar des Siegers illustriert. In der Begründung stand unter anderem, dass BMW mit der RS die seit langem erste völlig neue Konstruktion aus Europa vorgestellt hatte und außerdem die hauseigene Tradition mit einem Schlag neu definierte. Besonders eindrucksvoll fand die Jury den dreifachen Salto, der BMW hier gelungen war: Die K war besser als die vorhandenen Modelle, dazu auch noch so gut (oder sogar besser) wie die meisten Einliter-Maschinen der Konkurrenz und das alles, ohne die langjährige Kundschaft zu vergraulen.

K 100 RT, 1985

In einer Zeit, in der eine Tourenmaschine nach ihrer Anzahl an Home Entertainement bewertet wird, ist die K 100 RT eine seltene Ausnahme, dichtete diese Werbung 1985. Mit dieser Verkleidung solle man fahren, nicht spielen. Und, so besagte der Text: Dieses Motorrad ist so smart, dass sogar die Sitzbank auf der Universität war. Stimmte tatsächlich: An der Universität in Aachen erhielt die Sitzbank ihre Grundform.

K 100 LT Limited Edition

Die LT begann ihre Karriere zunächst als Sonderserie der normalen RT und erschien zuerst 1986. Sie war mit 18.530 Mark um knapp 3000 Mark teurer als die RT, was ihrer Beliebtheit keinen Abbruch tat: In knapp fünf Jahren wurden rund 15.000 LT gebaut. Die hier gezeigte Limited Edition von 1991 rollte serienmäßig mit Radio, Topcase, Koffern und Tourensitzbank vom Band und war die letzte Bauserie vor der Ablösung.

BMW, der Name
Man lernt BMW zu schätzen, indem man andere Marken fährt, das ist die Botschaft dieser Werbung. Schließlich, so heißt es weiter, mag der typische BMW-Fahrer zwar etwas älter sein, hat aber auf jeden Fall mehr Erfahrung, und diese Erfahrung ist Grundlage seiner Kaufentscheidung. Und die führt oft zum Wechsel von deren Marken in den Sattel einer BMW. Nette Schlussfolgerung.

Mitte der 80er, gerade als sich die Vierzylinder auf dem Markt etabliert hatten, strukturierte der Hersteller sein übriges Modellprogramm um: Vierzylinder mit 1000 Kubik Hubraum, Dreizylinder mit 750 Kubik und dann Boxer mit 800 Kubik oder weniger Hubraum. Das wurde nach Einführung der K 75 im Herbst 1985 offenkundig. Es dauerte, bis die Öffentlichkeit sich dieser Tatsache bewusst wurde. Zunächst jedenfalls schien die Entscheidung logisch zu sein.

R 80, 1984-92

Fast gleichzeitig mit der K 75 erschien die R 80, ein Tourer mit 50 PS, aber so agil, dass die biedere Konstruktion fast zur Sportmaschine avancierte. Dank ihrer Ausgewogenheit konnte sie sich lange im Programm halten, war aber kein echter Verkaufserfolg. Die fast baugleiche R 65, mit Monoleverschwinge, aber 150 Kubik weniger Hubraum, war kaum beliebter, blieb aber drei Jahre länger im Programm, da sie auch mit 27 PS erhältlich war. Der Renner unter diesen Zweizylindern war die RT-Ausführung, die mit über 22.000 verkauften Exemplaren bis 1995 im Programm blieb. Die Kunden hatten sich entschieden, und BMW musste reagieren.

R 100 RS und RT Monolever

Fast zwei Jahre lang hatte es im Programm kein Boxer-Motorrad mit einem Liter Hubraum mehr gegeben, bis endlich das Murren aller rechtgläubigen Markenanhänger gehört wurde: das Maß muss voll sein! Eine Neukonstruktion (die auf bleifreien Sprit ausgelegt war) landete im Chassis der R 80, umhüllt von der RS-Verkleidung vergangener Zeiten. So groß war der Andrang beim Händler dann doch nicht, und nur knapp 6000 Stück davon konnten verkauft werden. Mit zeitlichem Versatz erschien dann eine RT, eine RS mit entsprechender Touren-Verkleidung. Beide hatten durch die Umrüstung 10 PS eingebüßt, ihre Leistung war von 70 auf 60 PS gesunken. Dafür aber wiesen sie mehr Drehmoment im mittleren Drehzahlbereich auf und wirkten immer noch hinreichend stark. Immerhin schafften beide eine Spitze von 185 km/h.

K 75, 1986

Die K 75C war im Herbst 1985 vorgestellt worden, doch schon ein Jahr später erschien eine K 75 (ohne Zusatzbezeichnung), die als Einsteigermodell fungieren sollte. Die Cockpitverkleidung der ersten Ausführung entfiel, ein runder Scheinwerfer und eine abgepolsterte Sitzbank sollten jetzt eine jüngere Kundschaft locken. Das suggerierte auch die Werbung, aber ehrlich: Welche jungen, weiblichen Führerscheinneulinge konnten sich dieses Motorrad leisten?

K 75 S, 1985

Kurz nach der Einführung des Urmodells C kam die sportliche K 75 S mit 17 Zoll-Hinterrad und Scheibenbremse hinten zusätzlich zu der Doppelbremse vorn. Mit gleicher Technik, aber verbesserter Aerodynamik dank der kleinen Vollverkleidung und niedrigerem Lenker ging dieses Motorrad flotte 210 km/h, obwohl der Dreizylinder mit 75 PS nicht übermäßig kräftig ausfiel. Immerhin blieb die 75 S zehn Jahre lang in Produktion und verkaufte sich über 18.000 Mal. Die vertraute Zweisamkeit auf zwei Rädern wird zu dieser Zeit ein Thema in der Werbung.

BMW RIDERS UNDERGO AN EXTENSIVE TRAINING
PROGRAM. IT'S CALLED OTHER MOTORCYCLES.

K 75 S, 1987
In USA meinten die Werber, zwei Arten von Motorrädern ausgemacht zu haben: Die, die jugendlichen, knallharten Phantasien erfüllen, und die von BMW, die zum Fahren gemacht wurden.

K 75 RT, 1989
Die Dreizylinderfamilie wurde 1989 um eine RT erweitert und galt lange als die vernünftigeste Alternative im Angebot. Die technische Basis steuerte die K 75 S (mit 17 Zoll-Hinterrad) bei, der Rest stammte aus dem bewährten RT-Sortiment. Die Romantik kannte inzwischen keine Grenzen mehr...

Als das GS-Konzept mit dem Paralever-Modell 1987 aufgewertet wurde, bedeutete dies nicht nur für die GS-Reihe einen Umbruch. Auch der Technologieträger K1, der kurz darauf folgte (und diese Hinterradführung aufwies) steht für das neue Denken bei BMW: Seit dieser Zeit hat BMW den Mut, völlig eigenständige Wege zu gehen – ohne Seitenblicke auf die Konkurrenz.

R 100 GS, 1987

Und dann kam sie: Die gewagte Kombination aus R 80 G/S-Chassis und R 100 RS-Motor nannte sich R 100 GS und wurde zum Trendsetter im neuen Marktsegment der Reise-Enduros. Nicht nur die gelungene Optik mit 24 Liter-Tank, zweifarbiger Sitzbank und kleinem Windabweiser, sondern auch die Technik überzeugte. Die GS wies Feinheiten auf wie eine richtige Endurogabel des Hauses Marzocchi und ein Federbein, das sich über die sogenannte Paralever-Schwinge abstützte. Diese Schwinge beherbergte eine geteilte Kardanwelle und sorgte über einen langen Drehmomentarm für einen Ausgleich der Kardanreaktionen – was den alten »Gummikuh«-Spöttern endgültig das lose Mundwerk stopfte.

BMW bemühte eine Zeit lang die Prominenz, um für neue Modelle PR zu machen. Für die R 100 GS mussten etwa Peter Fonda und (wie hier) Götz George herhalten. In seiner Rolle als etwas existenziell veranlagter Kommissar Schimanski hatte George vor seiner Fernseh-Junggesellenbude in Duisburg oft eine GS geparkt. Zuletzt drehte er, wohl bei besonders schwierigen Fällen, etwas grüblerisch-melancholisch von Hand das Vorderrad einer weiß-roten Paris-Dakar.

R 100 GS, 1988
Das Experiment glückte, die GS wurde auf der ganzen Welt akzeptiert. Diese amerikanische Werbung zeigt ein Homologationsexemplar mit dem tief platzierten Schutzblech. In diesem Fall handelte es sich um ein Originalstück, das man an den Gabelstabilisator geschraubt hatte.

R 80 GS und R 100 GS, 1988

Die gleichzeitig eingeführte 800er (rechts im Bild) im Rahmen der GS-Familie war nicht annähernd so populär wie die Große, sie kam nur auf ein Drittel der Verkaufszahlen der größeren Schwester. Mit »nur« 50 PS war sie wirklich kein schlechtes Motorrad, und da ihr Einführungspreis um 20 Prozent unter dem des Schwestermodells lag gab es durchaus gute Gründe, sich dafür zu entscheiden. Die meisten der ersten Serie waren Rot lackiert. Die größere 100 GS gab es zwar auch in Weißblau, aber am populärsten war die schwarzgelbe Variante (links im Bild). Bei der Großen gehörte auch den Windabweiser zur Serienausstattung, ebenso wie auch, wegen der höheren thermischen Belastung, ein Ölkühler am rechten Sturzbügel.

R 80 GS Basic, 1996
Es gibt einige Motorräder in der BMW-Geschichte, die die Philosophie des Hauses ganz besonders deutlich machen. Eines davon ist die R 80 GS Basic von 1996. Als der letzte Zweiventil-Boxer überhaupt steht sie für eine traditionsreiche Vergangenheit und könnte genau so gut aus den 60-ern oder den 70-ern stammen: Ein einfacher Motor in einem einfachen Fahrgestell. Optisch der ersten R 80 G/S von 1980 ähnlich, rollt sie jedoch hinten mit einer Paralever-Schwinge.

R 100 GS/Paris-Dakar, 1989
In Erinnerung an die Erfolge bei der Rallye Paris-Dakar stellte BMW diese Sonderversion auf die Räder. Mit rahmenfester Verkleidung und 35 Liter großem Tank war sie das perfekte Abenteuer-Motorrad. Alle Teile waren außerdem als Sonderzubehör ab Werk lieferbar. Bei der Einführung kostete die komplette Maschine 15.190 Mark.

Abenteuer und Sport
Mit der GS eröffnete sich eine ganz neue Welt im BMW-Zubehörprogramm.

DIE NEUE BMW MOTORRADAUSSTATTUNG FÜR GS-MODELLE

Ergänzungen zum Thema Abenteuer und Sport.

BMW GS-Windschild.
Die neuen BMW GS-Modelle stoßen in Geschwindigkeitsbereiche vor, die Enduros bisher verschlossen waren. Und wer längere Strecken mit einer GS in schnellem Tempo zurücklegt, wird das neue Windschild bald zu schätzen wissen.

Es wurde im Windkanal optimal auf Fahrer und Maschine abgestimmt und ermöglicht eine entspannte, aufrechte Sitzposition auch bei zügiger Fahrt.

Das GS-Windschild ist aus robustem, extrem widerstandsfähigem, schlagfestem Kunststoff hergestellt und an allen BMW GS-Maschinen einfach zu montieren.

BMW GS-Leder-Hecktasche.
Genau das Richtige für jeden echten Enduro-Fahrer. Die sportliche, robuste, im Motorrad Rallye-Sport bewährte Tasche ist auf die Gestaltung der BMW GS-Modelle abgestimmt.

Die Tasche ist aus stabilem, 3 mm starkem, schwarzem Kernrindleder und wird mit 2 langen Lederriemen auf der Gepäckbrücke festgeschnallt. Die BMW GS-Leder-Hecktasche bietet z.B. Stauraum für eine komplette Regenausrüstung.

BMW Prallschutz für GS-Lenker.
Ein echter Profi-Tip! Der BMW GS-Lenker-Prallschutz aus einer stoßabsorbierenden Schaumpolsterung mit abwaschbarem Nylonüberzug. Er wird einfach auf die Querstrebe des Lenkers gesteckt und im Falle eines Falles so manchen blauen Fleck verhindern. Das Design ist auf die neuen BMW GS-Modelle abgestimmt.

BMW GS-Motorschutz, groß.
Die BMW Enduros sind für härteste Anforderungen konstruiert und gebaut. Doch ganz gleich, ob es auf besonders harte Touren geht oder

DIE NEUE BMW MOTORRADAUSSTATTUNG FÜR GS-MODELLE

Bescheidene Verhältnisse:
Dieses erste Zubehörangebot nahm sich, verglichen mit später, noch vergleichsweise bescheiden aus: Handprotektoren, Motorschutz, Prallschutz am Lenker und eine kleine Leder-Hecktasche, genau wie die Profis in der Wüste sie hatten.

2

3

(1) Neu aus dem BMW Windkanal: das GS-Windschild – mehr Fahrkomfort auch bei hohem Tempo.

(2) Robuste Leder-Hecktasche aus kräftigem Kernrindleder. Ideal für Off-Road-Fahrten.

(3) BMW Prallschutz – ein kleines aber höchst wirkungsvolles Sicherheitsdetail.

(4) Hart im Nehmen – der neue große BMW GS-Motorschutz für Off-Road-Einsatz und noch sportlicheres Aussehen.

(5) Gegen Verletzungen und kühlen Fahrtwind – der BMW GS-Handschutz.

4

5

nur die „harte" Optik gefragt ist – manchmal kann es besser sein, etwas mehr zum Schutz der Maschine zu tun.

Der neue große BMW GS-Motorschutz besteht aus besonders stabilem, 4 mm starkem Aluminiumblech. Er ist mit 4 Senkkopfschrauben im Austausch gegen das serienmäßige Motorschutzblech einfach zu montieren. In der Praxis sorgt er für noch mehr Schutz von Ölwanne, Auspuffkrümmer und Rahmenunterzügen selbst in schwierigem Gelände.

BMW GS-Handschutz.
Nicht nur aktive Cross- und Endurofahrer wissen sie zu schätzen: die neuen BMW GS-Handschützer aus schlagfestem Kunststoff. Sie sind schnell und einfach zu montieren und schützen die Hände vor Verletzungen und die Armaturen vor Beschädigungen. Bei Kälte und Nässe verhindern sie schnelles Auskühlen der Hände.

MOTORRADAUSSTATTUNG BMW R 80 G/S

(1) 32 l Tank, Doppelsitzbank wahlweise Einzelsitzbank und großer Gepäckträger.

(2) Präziser elektronischer BMW Drehzahlmesser mit blendfreier Beleuchtung.

(3) Die BMW Telegabelverstärkung für größere Steifigkeit der Gabel.

(4) Der abschließbare BMW Tankdeckel R 80 G/S mit nach vorne gelegtem Anschluß für die Tankentlüftung.

(5) Die BMW Sportfederung für Off-Road-Einsatz und hohe Belastung.

BMW Paris-Dakar-Umrüstkit.
Der sportliche Umrüstkit für die BMW R 80 G/S besteht aus einem alpinweißen Tank mit 32 l Fassungsvermögen, Knieschutzpolstern, Paris-Dakar-Schriftzug, zwei Benzinhähnen, einer strapazierfähigen Einzelsitzbank und einem großen Gepäckträger. Alle Teile des Kits sind auch einzeln erhältlich.

BMW Drehzahlmesser R 80 G/S.
Präziser elektronischer Drehzahlmesser mit blendfreier Beleuchtung.

BMW Telegabelverstärkung.
Die Steifigkeit der Gabel wird durch diese Verstärkung erhöht. Empfehlenswert vor allem im Hochgeschwindigkeitsbereich und bei überdurchschnittlicher Belastung der Vorderradbremse.

BMW Tankdeckel abschließbar R 80 G/S.
Dieser Tankdeckel sollte eingesetzt werden, wenn mit Tankrucksack gefahren wird. Er ist abschließbar und der Anschluß für den Tankentlüftungs-Schlauch ist nach vorne gelegt.

BMW Sportfederung.
Sportfederung mit Öldruck-Ausgleichsbehälter, die auch extremen Belastungsspitzen problemlos standhält.

Aufrüstung G/S

Auch die alte G/S hatte es in Sonderversion gegeben, mit dem größeren Tank und kleinerer Sitzbank, jetzt kamen aber einige Nachrüstdetails dazu, wie Drehzahlmesser, Gabelstabilisator und Sportfahrwerk.

Faszination Enduro

In einem gut geschriebenen Prospekt gab Werksfahrer Eddy Hau allen Amateur-Schotterfahrern tolle Tipps, die ebenso kompetent wie präzise formuliert und mit verführerischen Bildern illustriert waren. Anderseits: Welcher Fan möchte schon auf Schlammbäder verzichten? Bei solchen Bildern?!

Wie man Schlammbäder vermeidet.
Schlamm und Matsch, gerade nach starken Regenfällen, sind für den Enduro-Fan eine Herausforderung.

- In die Fußrasten stellen. Motor auf mittleren bzw. höheren Drehzahlen halten und bei mäßigem Durchdrehen des Hinterrades das unvermeidliche Seitenschleudern mit Gefühl ausgleichen.
- Bei ausgefahrener Spur mit beiden Füßen nachhelfen und „mitlaufen".
- Bei Stillstand sofort Gas wegnehmen, um den Radschlupf zu verringern, und das Motorrad mit Muskelkraft nach vorn schieben. Längeres Durchdrehen des Rades ist unbedingt zu vermeiden, da es sonst hoffnungslos versinkt.
- Sitzt man fest, zuerst das Vorderrad und dann das Heckteil zur Seite heben. Dies muß man sooft wiederholen, bis man wieder festen Grund gefunden hat.

Die Vorbilder, in der Wüste zu finden

Eddy Hau und Richard Schalber waren die Werksfahrer bei der Paris-Dakar 1988 und spielten in der Werbung eine große Rolle.

Mehrfacher Deutscher- und Europameister sowie Mannschaftsweltmeister im Geländefahren. Gewinner der Marathon-Wertung auf BMW bei der Paris-Dakar '88.

Von Fahrspaß und Vernunft.
Zunächst eines vorweg: Die nachfolgenden Tips sind für „Abenteuer-Profis" gedacht und auch für die, die von Zeit zu Zeit die Möglichkeit haben, sich abseits befestigter Straßen zu bewegen.

Selbst für Straßenfahrer können sie durchaus nützlich sein, denn viele von ihnen sind in kritischen Fahrsituationen anwendbar. Sie sollen Ihnen helfen, besser zu werden, die Maschine sinnvoll einzusetzen und keine unnötige Kraft zu vergeuden.

Dazu braucht man etwas Wissen und viel, viel Praxis. Dieses Wissen möchte ich Ihnen auf den nächsten Seiten vermitteln. Und mit etwas Glück können Sie es mit mir gemeinsam in die Praxis umsetzen.

Denn zum Abschluß möchte ich Ihnen ein paar Fragen stellen, die Sie ganz sicher leichter beantworten können, wenn Sie diese Broschüre gelesen haben. BMW verlost unter den richtigen Einsendungen einen Fahrer-Lehrgang mit mir in Rijeka, Jugoslawien. Sowie weitere tolle Preise. Also viel Spaß beim Lesen. Und viel Glück
Ihr
Eddy Hau

R 80/100 GS, 1990

Die Zweite GS-Generation vereinigte das beste beider Welten und präsentierte sich als eine Synthese aus bisheriger Paris-Dakar und normaler GS. Diese GS-Typen hatten die rahmenfeste Verkleidung der Paris-Dakar, dafür aber den Originaltank. Nicht jedem hat die lila Lackierung mit Reifenmuster am Tank gefallen, und vor allem die roten und schwarzen Ausführung sind es, die die Zeitläufe im Originallack überstanden haben dürften.

Life Style
Die ganze Werbung wurde ab Ende der 80er auf das Thema Life Style abgestimmt: Gefühle, Atmosphäre, wie hier im Katalog über Fahrerausstattung von 1988, rückten in den Vordergrund. »Die Maschine beherrschen. Möglichkeiten und Grenzen kennen. Immer vor den Augen: sportlich, souverän, sicher und fair reagieren können, wie es die Situation erfordert.«

DIE SICHERHEIT

Qualität hat einen Namen: BMW.

BMW Designer und Konstrukteure sind selbst aktive Motorradfahrer. Sie wissen ganz genau, worauf es ankommt. Denn sie haben Erfahrung — im wahrsten Sinne des Wortes. Deshalb sind alle BMW Produkte so praxisgerecht und funktionell gestaltet. Auch das kleinste Detail muß harten Prüfungen und zahlreichen Kontrollen standhalten können.

Kompromisse gibt es nicht — bei keinem Produkt, das BMW verläßt. Ob für Mensch oder Maschine: Das beste ist gerade gut genug.

(1) Kontrolle
Ob Sommer ob Winter, täglich testen die BMW Versuchs-Ingenieure auf Tausenden von Kilometern nicht nur alle BMW Motorräder, sondern auch jedes einzelne Produkt, das den Namen BMW trägt.

Qualität ist mehr als ein Wort
Im gleichen Prospekt von 1988 wird auch über die Testmethoden, vor allem aber über die praxisbetonte Erfahrung der Testfahrer erzählt, auch wenn es um Fahrerausstattung geht.

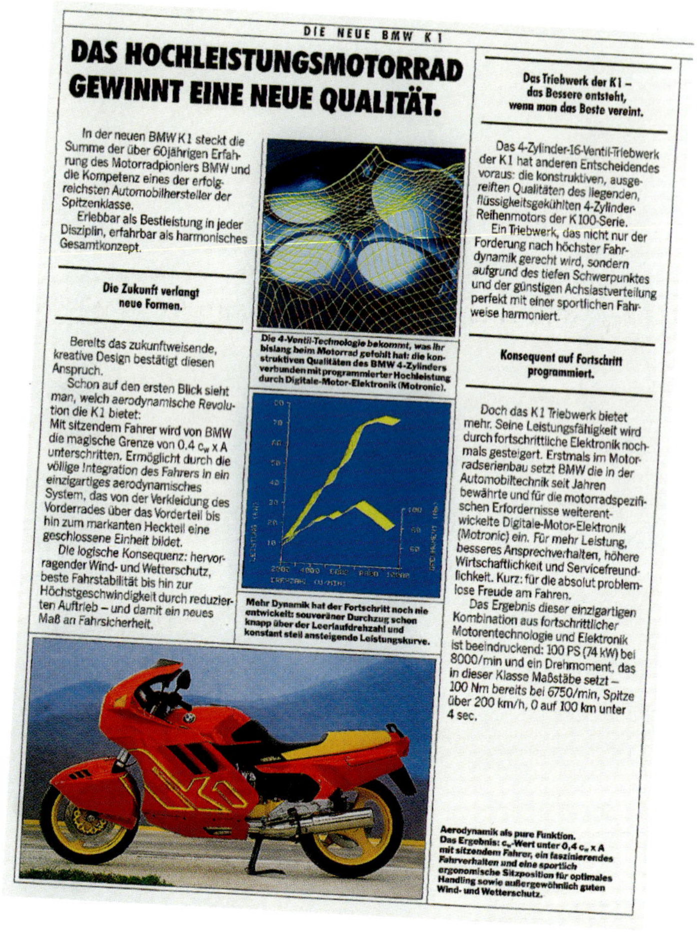

DIE NEUE BMW K1

DAS HOCHLEISTUNGSMOTORRAD GEWINNT EINE NEUE QUALITÄT.

In der neuen BMW K1 steckt die Summe der über 60jährigen Erfahrung des Motorradpioniers BMW und die Kompetenz eines der erfolgreichsten Automobilhersteller der Spitzenklasse.

Erlebbar als Bestleistung in jeder Disziplin, erfahrbar als harmonisches Gesamtkonzept.

Die Zukunft verlangt neue Formen.

Bereits das zukunftweisende, kreative Design bestätigt diesen Anspruch.

Schon auf den ersten Blick sieht man, welch aerodynamische Revolution die K1 bietet:
Mit sitzendem Fahrer wird von BMW die magische Grenze von 0.4 c_w x A unterschritten. Ermöglicht durch die völlige Integration des Fahrers in ein einzigartiges aerodynamisches System, das von der Verkleidung des Vorderrades über das Vorderteil bis hin zum markanten Heckteil eine geschlossene Einheit bildet.

Die logische Konsequenz: hervorragender Wind- und Wetterschutz, beste Fahrstabilität bis hin zur Höchstgeschwindigkeit durch reduzierten Auftrieb – und damit ein neues Maß an Fahrsicherheit.

Die 4-Ventil-Technologie bekommt, was ihr bislang beim Motorrad gefehlt hat: die konstruktiven Qualitäten des BMW 4-Zylinders verbunden mit programmierter Hochleistung durch Digitale-Motor-Elektronik (Motronic).

Mehr Dynamik hat der Fortschritt noch nie entwickelt: souveräner Durchzug schon knapp über der Leerlaufdrehzahl und konstant steil ansteigende Leistungskurve.

Das Triebwerk der K1 – das Bessere entsteht, wenn man das Beste vereint.

Das 4-Zylinder-16-Ventil-Triebwerk der K1 hat anderen Entscheidendes voraus: die konstruktiven, ausgereiften Qualitäten des liegenden, flüssigkeitsgekühlten 4-Zylinder-Reihenmotors der K100-Serie.

Ein Triebwerk, das nicht nur der Forderung nach höchster Fahrdynamik gerecht wird, sondern aufgrund des tiefen Schwerpunktes und der günstigen Achslastverteilung perfekt mit einer sportlichen Fahrweise harmoniert.

Konsequent auf Fortschritt programmiert.

Doch das K1 Triebwerk bietet mehr. Seine Leistungsfähigkeit wird durch fortschrittliche Elektronik nochmals gesteigert. Erstmals im Motorradserienbau setzt BMW die in der Automobiltechnik seit Jahren bewährte und für die motorradspezifischen Erfordernisse weiterentwickelte Digitale-Motor-Elektronik (Motronic) ein. Für mehr Leistung, besseres Ansprechverhalten, höhere Wirtschaftlichkeit und Servicefreundlichkeit. Kurz: für die absolut problemlose Freude am Fahren.

Das Ergebnis dieser einzigartigen Kombination aus fortschrittlicher Motorentechnologie und Elektronik ist beeindruckend: 100 PS (74 kW) bei 8000/min und ein Drehmoment, das in dieser Klasse Maßstäbe setzt – 100 Nm bereits bei 6750/min, Spitze über 200 km/h, 0 auf 100 km unter 4 sec.

Aerodynamik als pure Funktion. Das Ergebnis: c_w-Wert unter 0,4 c_w x A mit sitzendem Fahrer, ein faszinierendes Fahrverhalten und eine sportlich ergonomische Sitzposition für optimales Handling sowie außergewöhnlich guten Wind- und Wetterschutz.

K1, 1988
»Keine hochgezüchtete Rennmaschine mit Straßenzulassung, sondern ein beherrschbares High-Tech-Meisterwerk für den sportlich ambitionierten Fahrer«, so der Prospekt für das neue Aushängeschild der Marke 1988. Das exklusive Modell sollte das Image stärken und die technische Kompetenz des Unternehmens unterstreichen, doch die eigenwillige Optik schreckte Käufer ab. Unter der Schale verbarg sich hochfeine Technik, wie die im Vorjahr bei den GS-Modellen eingeführten Paralever-Schwinge, dazu ein Motor mit Vierventiltechnik und einer Leistung von 100 PS.

K1, Technik
Die Verkleidung sorgte für eine Aerodynamik mit nur mäßigem Cw-Wert, ein Index von 0.4 war nicht gerade bemerkenswert. In anderer Hinsicht dagegen konnte die K1 dagegen richtig glänzen: Das neue Fahrwerk, in Verbindung mit den breiten Felgen, erlaubte nicht nur den Einsatz eines 160er Reifen hinten, sondern auch eine massive Bremsanlage mit 305-Millimeter Bremsscheiben vorn.

Mission Control
Für bedeutend weniger Geld sollte der Kunde mit der K1 das gleiche Gefühl haben wie die Astronauten in ihrem Space Shuttle. Einfach Mission Control aufsuchen, das heißt den nächsten BMW-Händler...

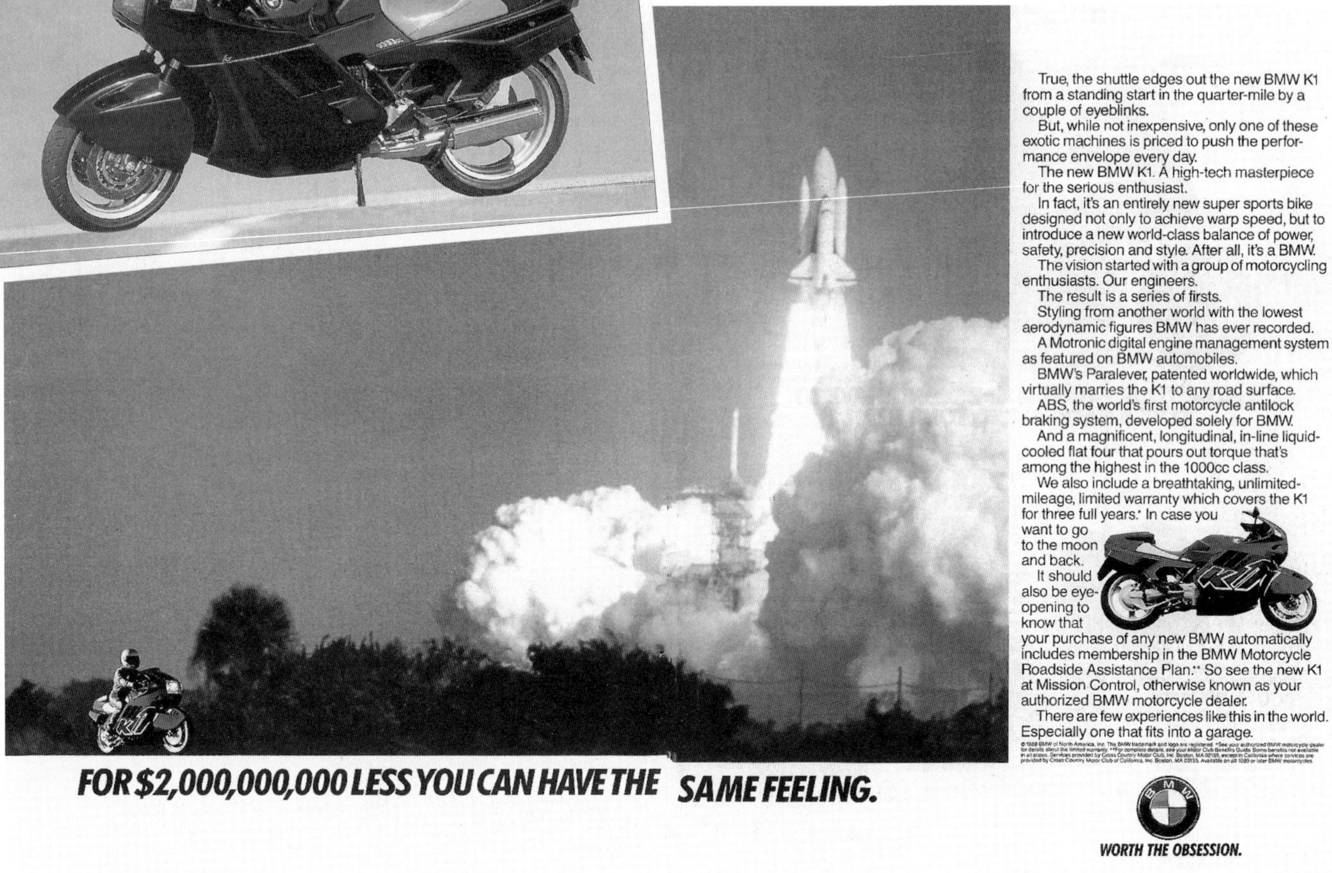

K 100 RS 4V, 1989
Völlig unerwartet erschien 1989 eine Nachfolgerin für die normale K 100 RS, mit dem gleichen Vierventilmoter, dem gleichen Fahrwerk und den Bremsen der K1. Mit unveränderter Verkleidung und entsprechender Sitzbank sah sie aus wie die alte RS. Sie verkaufte sich besser als die K1, blieb aber nur bis 1992 in Produktion.

Zeit der Konsolidierung: Die 90er

BMW stand Ende der 80er, wie so oft zuvor in der Werksgeschichte, vor einem Wendepunkt: Sparen, die Motorradproduktion sogar einstellen, oder ... oder eine Expansion an allen Fronten. Zum Glück entschied man sich dafür, die Flucht nach vorne anzutreten. Die Modellpalette wurde nun von zwei Vierventilern gekrönt, deren Basiskonstruktion allerdings jetzt schon fast ein Jahrzehnt zurücklag. Die Zweiventilboxer, vor allem in den GS-Varianten, schlugen sich dank einer alteingesessenen Fangemeinde immer noch ganz wacker, was würde aber geschehen, wenn diese Klientel, aus welchen Gründen auch immer, den Münchenern untreu würde? Also nichts wie los, Ärmel hochkrempeln und mit neuen Konzepten Vollgas voraus!

R 100 R, 1991
Zunächst allerdings musste noch einmal auf alte Traditionen zurückgegriffen werden. Eine für den Straßenbetrieb modifizierte Boxer auf der Basis der R 100 GS sah zuerst das Tageslicht. Sie war eine wunderschöne Schöpfung, ganz im Stil der alten Tradition, mit silberlackiertem Rahmen, schwarzem Tank mit hellen Zierlinien und allen Fahrwerksdetails, die schon viele GS-Besitzer bei iheren Maschinen nachgerüstet hatten. Über 20 000 Mal verkaufte sich die R 100 R zwischen 1991 und 1996. Und für das 60-jährige Firmenjubiläum durfte sie, zusammen mit der Ur-BMW R 32, posieren.

Zeitlose Klassik: R 80 R, 1992
Da der 800er Motor vorhanden war, sah BMW die Möglichkeit, eine Boxervariante für Führerscheinneulinge auf die Räder zu stellen: Die R 80 R erschien 1992 und unterschied sich in der ersten Ausführung dank der ausgeflippten Lackierung wenigstens optisch von der größeren Schwester. Es gab sie zunächst mit 27 PS, dann nach der Neuregelung mit 34 PS, aber auch ungedrosselt mit 50 PS. Ein Hit wurde sie nicht, da sie nur 200 DM billiger als die R 100 R war, und deshalb sind in den drei Produktionsjahren bis 1996 keine 4000 Stück gebaut worden.

BMW K 1100 LT. Auch beim Motorrad sollte man sich Luxus gönnen. Vor allem, wenn man zu den Motorrad-Fernfahrern gehört. Mit dem Fahrspaß sollte es nicht anders sein. Schon der erste Blick auf die LT verdeutlicht es: Hier wird beides geboten, alles ist möglich. Denn bei allem offensichtlichen Komfort ist die K 1100 LT eine höchst funktionale „Fahrmaschine" mit vorbildlicher Motorradtechnik, aus der sich letztlich das ganz besondere Touren-Vergnügen ergibt.

Neuanfang: K 1100 LT, 1991

Die K-Reihe gehörte inzwischen zu alten Eisen, und nach der Neuorientierung entschied sich BMW, zuerst den Tourer aufzumöbeln. Die neue LT – eine Basis-RT war inzwischen uninteressant – erhielt die Technik des Aushängeschilds K1, wenn auch mit einem gravierenden Unterschied: Der Hubraum betrug hier 1.092 Kubik. Es blieb bei der Leistung von 100 PS, jedoch mit mehr Dampf aus dem Keller heraus.

Die Sicherheit. Spitze: über 200 km/h. Überholen von 60 auf 140 km/h in 10,5 sek. Fahrleistungen, die nichts vermissen lassen. Was aber wird, wenn Sie plötzlich „runter vom Tempo" müssen, womöglich bergab mit vollen 210 kg Zuladung? Damit wären wir beim vielleicht wichtigsten Argument, warum Sie sich beim Luxustourer für die BMW K 1100 LT entscheiden sollten: moderne, leistungsfähige Sicherheits- und Fahrwerkstechnik. Die LT ist der einzige Luxustourer mit Paralever-Technik. Sie hat ein Bremssystem, das selbst bei extremer Dauerbelastung beispielhaft hohe Verzögerungswerte sicherstellt. Natürlich auch hier im Serienumfang: Das BMW ABS, das auch bei Vollbremsung ein Blockieren der Räder verhindert und damit die Lenkfähigkeit erhält.

K 1100 LT Special

Die Special-Ausstattung umfasste ein Radio mit vier Lautsprechern, Rückenlehne und Spezialdesign für die Zifferblätter des Tachos. Gegen Aufpreis war auch eine Sonderlackierung in Silber mit Doppellinierung in Kombination mit einer muskatgrauen Sitzbank erhältlich. Die K 1100 LT war die erste BMW mit geregeltem Katalysator an Bord.

Zeit der Konsolidierung: Die 90er

K 1100 LT High Line, 1997

Einen geregelten Katalysator hatten inzwischen alle für den Binnenmarkt bestimmten BMW, nicht nur die High Line-LT. Diese K-Variante hatte alles, was das Tourerherz begehren konnte. Hier gehörte nicht nur das gesamte Sonderzubehör zur Serienausstattung, sondern auch zahlreiche, liebevoll ausgeführte Details, wie die in der Fahrzeugfarbe lackierten Koffer und der viele Chrom. Hier debütierte auch das ABS der zweiten Generation. Aber all das hatte natürlich seinen Preis, und die High Line-LT kostete 1997 fast 30.000 Mark.

Das Beste ist Ihnen gerade gut genug? Dann kommt es jetzt noch besser.

Seit es die großen Sport- und Luxustourer mit dem BMW Reihen-Vierzylinder gibt, ist die BMW K-Serie ein besonderes Highlight in der Motorrad-Oberklasse. Vielleicht, weil wir das Touren maßgeblich geprägt haben – vielleicht aber auch, weil wir es immer wieder neu und immer wieder der jeweiligen Zeit angepaßt interpretieren. Mit souveränen Fahrleistungen, Sicherheit „at its best", Vielseitigkeit, Zuverlässigkeit, Agilität, Dynamik, faszinierender Technik und vor allem: mit Fahrspaß vom Feinsten. Und das gerade für Motorradfahrer, die eher auf langen Strecken zu Hause sind.

Wegweiser für die Tourer-Topklasse – Die BMW K 1100 LT High Line. Was bei einer BMW K 1100 LT High Line zur Serie gehört, bekommen Sie woanders oft nicht einmal als Sonderausstattung: Kofferhalter mit Integralkoffern in Fahrzeugfarbe lackiert zum Beispiel oder 3-Speichen-Räder in Silber lackiert, Motorradradio mit 4 Lautsprechern, Zweifarb-Sonderlackierung, Tourenverkleidung mit abschließbaren Staufächern, US-Komfortsitzbank usw. Die detaillierte Aufstellung der umfangreichen „High Line-Highlights" entnehmen Sie bitte der Tabelle auf der Rückseite dieses Prospektes. Zusätzlich besitzt die K 1100 LT High Line natürlich alle Vorteile, die die gesamte BMW K-Serie auszeichnen: Das 1100-cm^3-4-Ventil-Triebwerk mit BMW Motronic und geregeltem 3-Wege-Katalysator für niedrigen Verbrauch und geringste Emissionen. Das Fahrwerk mit BMW Paralever für höchste Ansprüche beim Handling, bei Komfort und Sicherheit. Und die Bremsen mit ABS II gehören eh zum Besten, was es gibt.

Wenn Formen, Farben und Funktionen eine faszinierende Einheit bilden, dann kann man von perfektem Design sprechen. Die BMW K 1100 LT High Line zeigt in unzähligen Details ein außergewöhnliches Zusammenspiel von bester Ergonomie, höchstem Sitzkomfort und gutem Aussehen: Vollverkleidung in edler Zweifarblackierung Fjordgrau-metallic/Canyonrot-metallic, die Hinterradschwinge und der Antrieb, die Feder des hinteren Federbeins, der Windschildträger und der Tankdeckel sind silber lackiert; die Zylinderkopfhaube, der Ventil- und der Kurbelgehäusedeckel sind hochglanzverchromt; die Gabelgleitrohre, Brems- und Kupplungshebel sind poliert; die Lenkerabdeckung und die Fußrastenplatte in Fjordgrau-metallic lackiert.

Jetzt findet das komfortable Touren einen neuen Höhepunkt: mit dem BMW Luxusliner-Sondermodell K 1100 LT High Line. Und zu dessen Vorstellung in Wort und eindrucksvollem Bild heißen wir Sie herzlich willkommen an Bord.

links oben: ***K 1100 RS, 1992***
Da die Technik schon in der K 1100 LT verwendet worden war, erstaunte es niemanden, dass auch der Sporttourer entsprechend modernisiert wurde. Mit dem größeren Hubraum und den übrigen LT-Technik-Features entstand eine völlig neue RS, die vor allem durch die Testarossa-Schlitze in der Verkleidung eine unverwechselbare Optik bekam. Die Oberhälfte der Verkleidung allerdings war ein klares Bekenntnis zum Vorgänger. Mit 70,5 Millimeter Bohrung war jetzt der wassergekühlte Vierzylinder an seine Grenzen gelangt.

K 1100 RS Sonderversion, 1996
Einige RS-Sonderversionen wurden vorgestellt. Zwar trugen alle die großen Schriftzüge an der Verkleidung, aber die schönste RS war diese aus dem letzten Produktionsjahr in Arktissilber-metallic und Nachtschwarz, mit blankpolierter Gabel.

R 1100 RS, 1993

Im Herbst 1993 war es endlich soweit: Die Welt durfte, zum Teil mit Staunen, den Neuling bewundern. Bei der Fahrwerksentwicklung profitierte man von den Erfahrungen bei den Einsätzen in der Rennklasse für zweizylindrige Motorräder (BOTT) unter Herbert Enzinger. Die Paralever-Schwinge, schon bei den K-Modellen zu erleben, aber vor allem bei der R 100 GS bewährt, blieb, dazu kam aber eine neue vordere Radführung, die Telelever hieß. Optisch wie eine Telegabel, bestand sie aber eigentlich aus einer Dreieckschwinge, die am Motor gelagert und mit den beiden vorderen Gabelholmen über ein Kugelgelenk verbunden war.

Dynamisch reisen durch Raum und Zeit – die Welt des Sporttourers. Licht und Schatten in schnellem Wechsel. Farben mischen sich neu. Rasch wechselt die Szene: Schnell zieht die Maschine nach vorn, legt sich tief in die Kurve... aufatmen, genießen... so kann es ewig weitergehen!

R 1100 RS, 1993

Die RS sollte das Sport-Tourer-Konzept mit neuem Leben füllen und erhielt zur Einführung zwei Garderoben, wobei die hier abgebildete Vollverkleidung weniger populär war. Die beliebtere Variante trug eine Halbschale, die oberhalb der Zylinder endete.

Die Wüste wartet, die Meseta, der Canyon, die Berge, die Weite – unberührt von menschlichem Handeln. Das Ursprüngliche, die großen Abenteuer, die große Freiheit... „Home of the GS"...

Abenteuer pur
Die R 1100 GS wuchs schnell in die Rolle der Vorgängerin R 100 GS hinein und wurde zur Reise-Enduro schlechthin. Entsprechend wurde sie auch in der Werbung vermarktet.

Ergonomie
Bei der R 1100 RS wurde die Ergonomie besonders fein ausgetüftelt. Nicht nur die verstellbare Verkleidungsscheibe konnte den individuellen Anforderungen des Fahrers angepasst werden, auch Sitzhöhe und Lenkerstummel waren verstellbar. Dank der Radführung war es außerdem möglich, die Lenkerhälften sehr elastisch mit der Gabelbrücke zu verbinden, was wiederum die Vibrationen verringerte.

R 1100 GS, 1994
Das RS-Triebwerk kam auch bei der R 1100 GS zum Einsatz, jedoch abgestimmt auf die für den Einsatzzweck geänderten Eigenschaften: Mehr Dampf aus dem Keller, dafür aber weniger Spitzenleistung (was niemand vermisste). Mit 80 PS lieferte der Motor in dieser Ausführung 10 PS weniger als in der RS, hatte aber dafür mehr Drehmoment über einen breiteren Bereich. In nur vier Jahren sollte sie sich über 30.000 Mal verkaufen.

BMW R 1100 GS. On-road, Off-road. Raus aus der Enge, weit weg von eingefahrenen Wegen. Wo Sand und Schotter die Fahrbahn ersetzen. Sie wollen mit dem Motorrad die Welt erobern? Sie suchen aber auch eine Maschine, mit der Sie komfortabel, sicher und schnell – z.B. lange Autobahndistanzen – auf dem Weg dorthin überwinden können? Welches Vertrauen wir in die Robustheit und die Zuverlässigkeit der GS setzen, zeigen auch die Inspektionsintervalle von 10.000 km. Und da der Wartungsaufwand boxertypisch gering ist, glänzt die GS auch mit sehr günstigen Betriebskosten. Dann herzlich willkommen bei der Motorrad-Idee, von der man sagt, sie sei das Original.

Der Reisekomfort. Wenn die Zeitschrift Motorradfahrer (9/94) schreibt: „Der Reisekomfort der GS ist BMW-gemäß hervorragend", dann liegt das sicher auch daran, daß wir sie mit zweiteiliger Sitzbank anbieten, die Ihnen vorn die Wahl zwischen zwei unterschiedlichen Sitzhöhen – 840 und 860 mm – läßt. Und sollten Sie die große Tour planen – kein Problem: Unter der abnehmbaren Sitzbank befindet sich eine stabile Gepäckbrücke. Apropos Gepäck: Die Zuladung beträgt über 200 kg. Praktisch ist auch der 25 l-Tank. So werden Tankstopps erst nach 400 km nötig.

Auf Wunsch gibt es noch ein nützliches Extra: das BMW FID (Fahrer-Informations-Display). Es zeigt die Öltemperatur sowie den Benzinstand an. Dazu den gewählten Gang und die Uhrzeit.

Erlebnis GS. Wir erwähnten es schon – BMW bietet ein umfassendes Programm rund um das Motorrad. So müssen Fahrer auch keine Kompromisse bei qualitativer Motorrad- und Fahrerausstattung eingehen. Ein Beispiel: der BMW Enduroanzug Marrakesch, der Sicherheit, Wetterschutz und Komfort perfekt verbindet. Und noch ein Tip: BMW ist der einzige Hersteller, der in Deutschland ein eigenes Enduro-Trainingsgelände besitzt. Mehr dazu auf S. 44/45.

Das Zubehör. Die Freunde der R 1100 GS sind Individualisten und lieben die Herausforderung. Dafür braucht man eine Ausrüstung, die alles mitmacht und hart im Nehmen ist. Wie der Zylinderschutzbügel als Rohrkonstruktion. Oder der Handschutz aus schlagfestem Kunststoff. Für die große Tour gibt es passende Systemkoffer, ein 35 l Topcase und den Tankrucksack.

Reisekomfort
Mit 25 Litern Tankvolumen musste der GS-Fahrer nicht an jeder Tankstelle anhalten und auch in anderer Hinsicht hatte der Hersteller dem GS-Treiber das Leben leichter gemacht. Über das FID (Fahrer-Informations-Display) ließen sich Tankinhalt, Öltemperatur, eingelegte Gangstufe und Uhrzeit ermitteln. Speziell für die GS konnte außerdem das ABS ausgeschaltet werden, was es erlaubte, die Hinterradbremse zum Driften zu benutzen.

R 1100 R, 1994

Vogel, Fisch oder irgendwas dazwischen? Das Konzept »Roadster« hatte sich noch nicht durchgesetzt, als die »R« zur Saison 1994 erschien. Viele Käufer fanden das Design etwas eigenwillig. Technisch gesehen, war sie eine R 1100 GS (der Hersteller führt sie auch entsprechend in seiner Produktionsstatistik) mit anderer Reifenausstattung: Die »R« rollte auf 17-Zoll Reifen vorn und 18 Zoll hinten, wobei die modernsten Pneus aufgezogen werden konnten.

Freiheit

Das Wunder geschah: Die in kein Konzept passende Roadster avancierte binnen weniger Monate zum Verkaufserfolg. Das entspannte Fahren mit einer Sitzhöhe, die um einiges die der GS unterbot, fand genug Interessenten. Dass die »R« außerdem serienmäßig mit geregeltem Kat ausgestattet war, schien auch kein Nachteil zu sein: Die Zeiten wurden immer umweltbewusster.

Motorradfahren pur, das ist so wie Fliegen in einem alten Doppeldecker. Wind, Weite, Freiheit – die Welt unglaublich intensiv erleben, spüren. Und – obwohl man schließlich auf der Erde bleibt – ein ganz neues Erlebnis von Schwerkraft.

R 850 R, 1994

Gleichzeitig mit der R 1100 R wurde eine kleinere Variante eingeführt, die R 850 R, optisch mit der großen Schwester gleich, aber mit kurzerem Hub und »nur« 70 PS bei 7000/min. Beide Modelle konnten übrigens auf Wunsch mit Drahtspeichenrädern ausgeliefert werden. Der Preisunterschied zwischen den beiden betrug bei der Einführung 1000 Mark (16.500 bzw. 15.500 Mark).

R 1100 RT, 1995

Die K 1100 LT erfüllte sicherlich ihren Dienst, aber die neue Boxer-Familie hatte inzwischen so an Popularität gewonnen, dass es Unsinn gewesen wäre, ihr eine Tourervariante vorzuenthalten. Im Herbst 1995 wurde die R 1100 RT vorgestellt. Die technischen Spezifikationen entsprachen der RS, die ganze Technik umhüllte sich aber mit einer Vollverkleidung, die keine Einblicke ermöglichte. Die Käufer liebten die RT, in nur zwei Produktionsjahren verkaufte sie sich fast 25.000 Mal.

Der Komfort. Die neue BMW R 1100 RT wird Ihnen wie ein Maßanzug passen. Sie werden es schon beim ersten Probesitzen spüren. Der Fahrersitz läßt sich von 780 über 800 auf 820 mm Höhe verstellen, der Schalthebel ist in zwei Stufen, der Handbremshebel vierfach einstellbar. Das Windschild können Sie elektrisch, per Tastendruck, um einen Neigungswinkel von 22° und in der Höhe um 155 mm variieren. Daß wir an alles gedacht haben, um Ihnen den „Arbeitsplatz" so komfortabel wie möglich zu gestalten, zeigt auch die individuell regulierbare Warmluftführung, die die Hände des Fahrers wärmt.

Das Design. Wir wollten den Tourer revolutionieren. Praktisch und optisch. Dazu war es erforderlich, in aufwendigen Windkanaltests herauszufinden, wie Fahrer und Sozius, so wirksam wie möglich, vor Wind und Wetter geschützt werden können. Gleichzeitig wollten wir auf bisher bekannte, ausladende Verkleidungen verzichten. Die neue RT sollte nicht nur schlanker und sportlicher aussehen, sondern ihre beweglichen und agilen Eigenschaften auch voll ausleben können. Beides ist uns gelungen – die neue BMW R 1100 RT bietet Ihnen eine neue, bislang nicht gekannte Qualität des Fahrens.

Die Individualität. Die neue RT ist schon vom Charakter her ein einzigartiges, individuelles Motorrad. Diese Individualität haben wir nun mit neuen Farben noch einmal gesteigert. Glaciergrün-, sinusblau-, sienarot-metallic mit schwarzer Sitzbank – auf Wunsch ist auch ein Bezug für den Fahrersitz in Terracotta erhältlich – sind Farben, die Blicke auf sich ziehen werden. Die serienmäßigen Koffer haben mit 66 l Stauraum ausreichend Platz für die lange Reise. Ein passendes Motorrad-Radio ist auf Wunsch erhältlich.

703 glaciergrün-metallic mit Sitzbank in Terracotta

703 glaciergrün-metallic

702 sienarot-metallic

701 sinusblau-metallic

21

RT-Komfort

Die Sitzbank für den Fahrer war in drei Höhen verstellbar, der Handbremshebel vierfach und der Schalthebel zweifach justierbar. Das ausgefeilte Wärme- und Ventilationssystem sorgte für ein freundliches Klima bei jedem Wetter. Dazu kam das verstellbare Windschild, das den Neigungswinkel um 22° und die Höhe um 155 Millimeter variieren konnte.

Fly like an eagle... – auf einem Tourer, meint man, wird der Wunsch Wirklichkeit. Man gleitet dahin wie auf Schwingen. Die Zeit scheint stillzustehen. Und doch vergeht sie wie im Flug. Der Weg wird zum Ziel. Und selbst große Distanzen schrumpfen zusammen – wie eine Welt aus der Vogelperspektive.

Freiheit zu zweit

»Man gleitet dahin wie auf Schwingen. Die Zeit scheint stillzustehen. Und doch vergeht sie wie im Flug...«

Alle BMW Triebwerke zeichnen sich durch vergleichsweise lange Wartungsintervalle von 10.000 km aus. Sie profitieren davon mit niedrigen Betriebskosten.

Der BMW Paralever.
Bei dieser patentierten BMW Kardan-Einarmschwinge werden störende Einflüsse am Hinterrad, wie z.B. Lastwechselreaktionen oder Bremsstempeln auf ein Minimum reduziert. Dazu wird das Gehäuse des Hinterradantriebs drehbar in der Schwinge gelagert und die Reaktionskräfte in den Rahmen eingeleitet. Die Drehbarkeit des Achsantriebsgehäuses wird durch zwei Kegelrollenlager in der Schwinge und ein zweites Kreuzgelenk in der Kardanwelle ermöglicht. Die Reaktionskräfte des Antriebs werden direkt in den Rahmen eingeleitet. Da die Bremse in das Antriebsgehäuse integriert ist, wird die Bremskraft ebenfalls von der Schwinge entkoppelt. Die Wahl der Gelenkpunkte ergibt eine Hinterradführung, die den Eigenschaften einer starren Schwinge von 1,4 m Länge entspricht.
Weitere Pluspunkte: Der Paralever ist sehr robust, er braucht kaum Wartung und vereinfacht den Radausbau.

BMW morgen.
BMW Motorradtechnik nimmt heute in vielen Bereichen schon die Zukunft vorweg. Ob bei Sicherheit, Wirtschaftlichkeit oder Ökologie. Neben den klassischen Tugenden einer BMW ist unser technischer Vorsprung der Grund für den weltweiten Erfolg von BMW Motorrädern. Und wenn vermehrt Stimmen zu hören sind, die dem Motorrad eine große Zukunft voraussagen, hat das sicher auch mit unserem Ehrgeiz zu tun, daß wir die Suche nach besseren Lösungen nie aufgeben. Kein Zweifel: Mit BMW ist das Motorrad vielseitig, zeitgemäß und zukunftsfähig geworden.
Wir werden deshalb auch weiterhin hart daran arbeiten, um BMW Fahrern auch morgen eine einmalige, umfassende Erlebniswelt bieten zu können. Eine Welt, in der die klassischen Ideale genauso viel zählen wie die der Zukunft.

Technik mit Gefühl

In den 90ern durfte BMW mit Fug und Recht auf die Technik verweisen, ließ aber dabei auch einen Hauch von Romantik einfließen.

Avantgarde, 1999

Gibt es eine Steigerung von Eleganz?, fragte die Werbung zum Jahr 2000. Selbstverständlich, die Avantgarde genoss eine ganz neue Oberflächenlackierung, eine Beschichtung aus Graphitan. Das mattglänzende Erscheinungsbild passte zum Thema.

R 1200 C, 1997

Motorrad oder Möbel? Den Kunden war es egal, die neue Cruiser verkaufte sich anfangs sehr gut, angeblich in erster Linie an gut betuchten Autobesitzer der gleichen Marke. Tradtionsbewusste Käufer (und einige Händler) konnten sich mit dem BMW-Chopper nur schwer anfreunden. Mit der Zeit aber verstummten die Kritiker, zumal die eigenwillige Linienführung perfekt mit der technischen Auslegung des Cruiser-Fahrwerks harmonierte.

Dampf
Obwohl der Motor auf 1170 Kubik gewachsen war (bei 101 Millimeter Bohrung) lieferte er nur 61 PS, hatte dafür aber den choppertypischen Dampf aus dem Drehzahlkeller: Ein sattes Drehmoment von 98 Nm stand bei 3.000/min an. Eine dem Cruiser-Image angepasste Garderobe gehörte selbstverständlich mit dazu.

R 850 C, 1998
Um noch mehr Cruiser-Kunden zu gewinnen, erweiterte BMW die Modellpalette im Herbst 1998 um eine 850er Variante. Dieses kleine Schwesterchen gab es sogar mit 34 PS, ungedrosselt mit 50 PS, was aber für einen Chopper durchaus ausreichend erschien.

R 850 GS, 1998

Ebenfalls im Herbst 1998 erschien die kleinere Variante der GS mit dem R 850-Motor. Hier lieferte der Motor aber stolze 70 PS bei 7.500/min, brachte also die gleiche Leistung wie die R 850 R (die 500 Umdrehungen später anlag). Auch diese kleine Variante war in einer 34 PS-Ausführung erhältlich.

Image, R 1100 S
Es besteht kein Zweifel, dass die »S« das Marken-Image mit einem Schlag aufwertete, und die Werbung griff die Idee vom einsamen Ritter dankbar auf: Leere Landstraßen, wunderschöne Landschaften, Du und Dein Motorrad... Man sprach vom klassischen Boxer-Feeling.

Boxer, Boxer...
»Motorräder sind schön. Nierengurte, Regenkombis und Integralhelme sind eher lästig«, ließ Modellhersteller Revell wissen und stellte ein R 1100 RS-Fertigmodell aus Metall im »praktischen« Maßstab 1:12 vor. Wieder ein Beweis dafür, dass die Marke auch in den 90ern Gemüter erregen konnte: »Ein Boxer, der an Eleganz selbst René Weller in den Schatten stellt.«

Ein Leistungssportler mit modernster Technik.
Der Sport-Boxer von BMW. Beeindruckende Dynamik.
Sicher abgestimmt. Begeisternd in jeder Situation.
Die Fusion von Kraft und Fahrstabilität.

Markantes Erkennungsmerkmal am Heck: Die zwei hochgezogenen Endrohre der Abgasanlage liegen unter der Heckleuchte und betonen die sportliche Linienführung der BMW R 1100 S.

Selbst Touren, allein oder zu zweit, sind für die BMW R 1100 S kein Problem. Guter Sitzkomfort für den Sozius und ein umfangreiches Stauraumangebot (Sonderzubehör) machen die BMW R 1100 S zu einem ausdauernden Sportler mit Tourerqualitäten.
Ein unverwechselbares Gesicht verbirgt sich hinter dem neuentwickelten asymmetrisch geformten Ellipsoid-Scheinwerfer.

735 leuchtrot
716 nachtschwarz
736 mandarin
747 titansilber-metallic/mandarin

So sportlich wie die Form ist auch die Leistung. Dafür wurde der Motor der BMW R 1100 S in wichtigen Details überarbeitet: Die Maximaldrehzahl konnte nahezu ohne Drehmomentverlust angehoben werden. Hinzu kommen geschmiedete Pleuel und Digitale Motor Elektronik der neuesten Generation. Damit kommt die BMW R 1100 S auf kraftvolle 72 kW (98 PS) bei 7.500 U/min und ein sattes Drehmoment von 97 Nm bei 5.750 U/min. Das 6-Gang-Getriebe bietet nicht nur hohen Schaltkomfort, sondern garantiert auch einen optimalen Ganganschluß – für satten Durchzug in jeder Lebenslage. Die R 1100 S verfügt über ein dreiteiliges Rahmenkonzept, das in puncto Gewicht und Steifigkeit auf Sportlichkeit ausgelegt ist. Der Vorderrahmen nimmt den weiterentwickelten, leichteren Telelever auf, der Heckrahmen trägt Soziusplatz und Gepäckbrücke. Dazwischen liegt der neu konstruierte Hauptrahmen – ein hochsteifer geschweißter Aluminiumverbund. Die Hinterradführung übernimmt das bewährte Paralever-System. Für eine äußerst effektive Verzögerung ist die R 1100 S vorn mit einer 4-Kolben-Festsattelbremse mit zwei schwimmend gelagerten Bremsscheiben ausgestattet. BMW Motorrad ABS ist als Sonderausstattung verfügbar.

R 1100 S, 1998

Dank des guten Drahts zur BMW-Entwicklungsabteilung war ein sportlicher Boxer auf Basis der R 1100 RS aufgebaut und erfolgreich in der deutschen Langstreckenszene eingesetzt worden. Diese Erfahrung führte im Herbst 1998 dann zum sportlichsten Serien-Boxer aller Zeiten, zur R 1100 S.

Auf die markentypischen Komfortdetails verzichtete die R 1100 S selbstverständlich nicht, aber das Design wirkte nicht bayerisch, eher italienisch. Der Auspuff mündete in zwei Töpfen unterhalb der Sitzbank, und der Hersteller bot für sportlich ambitioniertere Fahrer Austattungsalternativen bei Fahrwerk und Rädern.

K 1200 RS, 1997

Die Geschichte der sportlichen R 1100 S hatte aber in Form der K 1200 RS eine Vorgeschichte. Die auf der letzten in Köln veranstalteten IFMA von 1996 gezeigte 1200 RS markierte wahrscheinlich einen größeren technischen Fortschritt als einst die K1. Hier war der Vierzylinder-K-Motor auf 1171 Kubik aufgeblasen worden, er lieferte ungedrosselt 130 PS bei 8750/min.

Lust an Technik: K 1200 RS

Es war nicht die schiere Leistung oder die beeindruckende Optik, die den Neuling in etwas mehr als einem Jahr fast 10.000 Käufer bescherte. Nein, vielmehr war es die Technik, das Gesamtpaket, das aus dem Sporttourer einen Technologieträger erste Klasse machten. Der erste Brückenrahmen von BMW (aus Aluguss) diente als hervorragendes Rückgrat zwischen Telelever und Paralever. Der Motor konnte außerdem, so die Werbung, Schwingungs-entkoppelt im Rahmen gelagert werden, was störende Vibrationen dämpfte.

Die hohe Konzentration von fahrdynamischen Vorteilen, die der Telelever auf sich vereint, bietet eine geradezu ideale Voraussetzung für besten Federungskomfort, gleichmäßig optimale Fahrstabilität in allen Fahrsituationen und Handlichkeit auf höchstem Niveau.

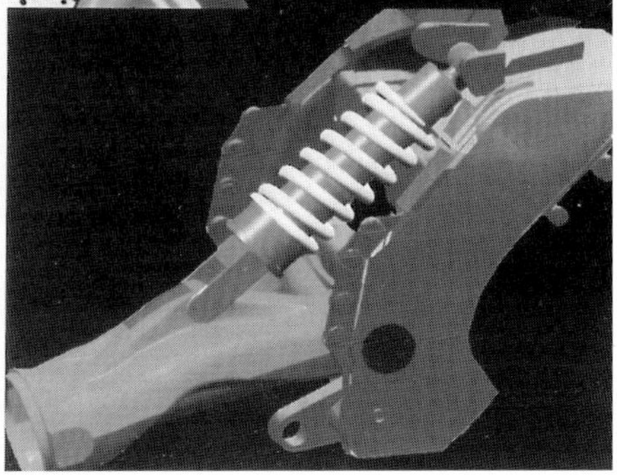

Deutlich mehr Federungskomfort wird bei der K 1200 RS auch mit der Umstellung auf ein Zentralfederbein mit kinematischer Progression erreicht. Beste Voraussetzungen für einen Reisekomfort, der Maßstäbe setzt. Auch im Soziusbetrieb und mit Beladung.

Leidenschaft
Aber ohne Feeling lief in den 90ern in der Werbung nichts mehr, und so wurde die technische Botschaft der K 1200 RS auch mit »Faszination voller Leidenschaft« übermittelt.

Ergonomie mal drei
Die K 1200 RS bekam das komplette Ergonomiepaket, bei dem Lenker, Fußrasten, Sitzbank und Windschild verstellbar waren. Außerdem war dies das welterste Motorrad mit doppeltem Katalysator.

Die neue BMW K 1200 RS.
Neue Farben für neue Akzente.

Die neue BMW K 1200 RS erzeugt in ihrem Gesamtbild und bis in jedes auch noch so kleine Detail eine ganz neue optische Faszination.

Mit drei attraktiven Farbvarianten wird das dynamische Erscheinungsbild der K 1200 RS in verschiedene Richtungen nochmals akzentuiert: entweder klassisch-sportlich, mehr progressiv-dynamisch oder besonders elegant. „Last, but not least" erhalten Sie ein bewährtes Stauraumprogramm, das die perfekte Tourenqualität der neuen BMW K 1200 RS zur Extraklasse unter den Sporttourern macht.

Steigen Sie auf und ein in den neuen echten Sporttourer von BMW – die Motorradklasse der Zukunft. Lassen Sie sich begeistern von einem Fahrgefühl, das unter die Haut geht, einer neu entstandenen Motorrad-Dimension. Der neuen BMW K 1200 RS.

Delphinblau-metallic

Zweifarblackierung Dakargelb/Arktisgrau-metallic
(Sonderlackierung gegen Aufpreis)

Marrakeschrot

K 1200 RS, 1997

Technik für die Zukunft symbolisierte die 1997 vorgestellte K 1200 RS. Aus dem inzwischen altbewährten Vierzylinder war dank Vierventiltechnik und modernster Elektronik (plus mehr Hubraum) ein Technologieträger erster Güte geworden. Für Kilometerschlucker ohne viel Gepäck bedeutete sie der Traum schlechthin.

Bunt

Die K 1200 RS wurde in der ersten Ausführung in zwei einfachen Lackierungen angeboten. Gegen Aufpreis gab es eine auffallende Lackierung in Dakargelb und Arktisgrau-metallic mit Schachmuster an den Verkleidungsflanken.

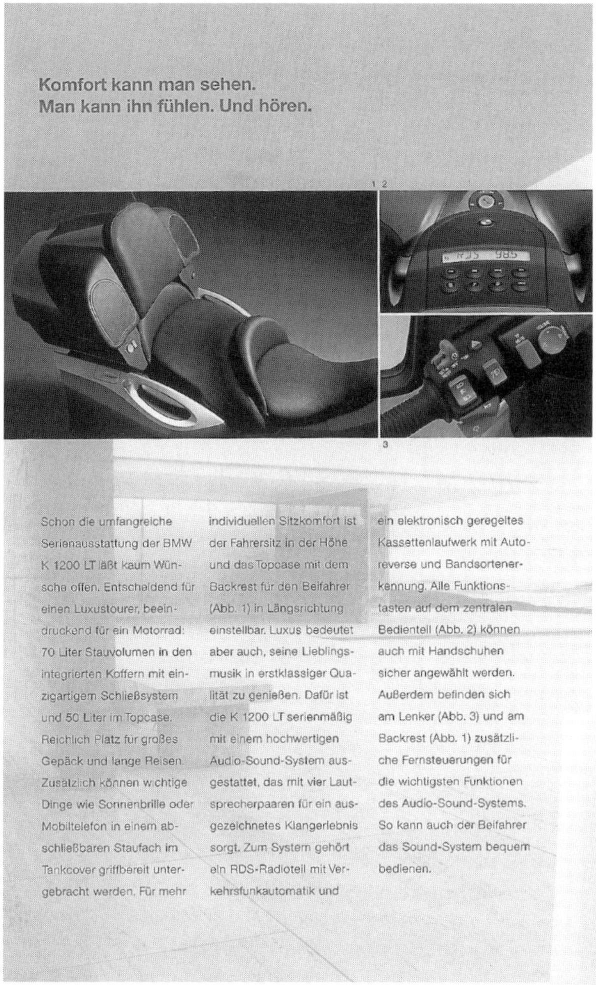

Komfort kann man sehen.
Man kann ihn fühlen. Und hören.

1 2

3

Schon die umfangreiche Serienausstattung der BMW K 1200 LT läßt kaum Wünsche offen. Entscheidend für einen Luxustourer, beeindruckend für ein Motorrad: 70 Liter Stauvolumen in den integrierten Koffern mit einzigartigem Schließsystem und 50 Liter im Topcase. Reichlich Platz für großes Gepäck und lange Reisen. Zusätzlich können wichtige Dinge wie Sonnenbrille oder Mobiltelefon in einem abschließbaren Staufach im Tankcover griffbereit untergebracht werden. Für mehr individuellen Sitzkomfort ist der Fahrersitz in der Höhe und das Topcase mit dem Backrest für den Beifahrer (Abb. 1) in Längsrichtung einstellbar. Luxus bedeutet aber auch, seine Lieblingsmusik in erstklassiger Qualität zu genießen. Dafür ist die K 1200 LT serienmäßig mit einem hochwertigen Audio-Sound-System ausgestattet, das mit vier Lautsprecherpaaren für ein ausgezeichnetes Klangerlebnis sorgt. Zum System gehört ein RDS-Radioteil mit Verkehrsfunkautomatik und ein elektronisch geregeltes Kassettenlaufwerk mit Autoreverse und Bandsortenerkennung. Alle Funktionstasten auf dem zentralen Bedienteil (Abb. 2) können auch mit Handschuhen sicher angewählt werden. Außerdem befinden sich am Lenker (Abb. 3) und am Backrest (Abb. 1) zusätzliche Fernsteuerungen für die wichtigsten Funktionen des Audio-Sound-Systems. So kann auch der Beifahrer das Sound-System bequem bedienen.

Musik, Musik...

Die umfangreiche Serienausstattung half mit, den stolzen Einführungspreis von fast 35.000 Mark zu erklären: 120 Liter Stauraum, abschließbares Staufach im Tank, Rücklehne am Topcase für den Beifahrer verstellbar, RDS Radio mit Verkehrsfunkautomatik, vier Lautsprecher, elektronisch geregeltes Kassettenlaufwerk mit Autoreverse und Bandsortenerkennung, und alle Funktionen dieses Soundsystems waren von Fahrer und Beifahrer gleichermaßen bedienbar. Und Heizgriffe, Bordcomputer und Tempomat gehörten ab 2000 in Deutschland ebenfalls zur Serienausstattung.

K 1200 LT, 1998

Als Supertourer für das nächste Millenium wurde die K 1200 LT im September 1998 in München vorgestellt. Der Motor war von der K 1200 RS abgeleitet, jedoch hin auf mehr Tourentauglichkeit getrimmt worden. Der Motor stellte bereits bei 4.750 Touren 115 Newtonmeter Drehmoment zur Verfügung. Wie das Vorbild Honda Gold Wing hatte auch die neue LT eine elektrische Rückfahrhilfe, die beim Rangieren auch unbedingt notwendig war. Das Leergewicht fahrfertig betrug nämlich stolze 378 Kilogramm...

Abenteuer, Freiheit
Mit der G/S und später den Zweiventil-GS-Modellen hielt ein neues Thema in die BMW-Werbung Einzug: Abenteuer. Exotische Landschaften unterstrichen die fröhliche Botschaft und zwischen 1980 und 2000 waren selbst staubige Pisten (und gelegentlich auch ebensolche Motorräder) in der Werbung kein Tabu. Hier die R 1150 GS auf der Flucht vor dem Alltag.

GS-Zubehör
Zu den umfassendsten Zubehörkatalogen für BMW-Motorräder gehört der zweijährlich erscheinende Katalog der Firma WÜDO in Dortmund. Anfangs auf Sportumbauten spezialisiert, lässt es die Firma heute gemütlicher angehen und bietet Zubehör für Tourer und Expeditionsmaschinen, wobei man sich auf Fahrwerkssysteme spezialisiert hat.

R 1150 GS, 1999
Von 1.085 auf 1.130 Kubik aufgestuft, lieferte der Motor der neuen 1150 GS 5 PS mehr als das Vormodell. Das Drehmoment blieb aber mit 98 (97) Newtonmeter fast unverändert, ebenso das Drehzahlniveau. Trotzdem lobte die Presse den Neuling, vor allem weil jetzt auch dieses Modell das Sechsganggetriebe erhielt, dessen längster Gang als Overdrive ausgelegt war. Dadurch gewann die GS an Komfort bei sinkenden Spritverbräuchen im Langstreckeneinsatz, denn eine Reisemaschine war sie geblieben.

Das Abenteuer-Motorrad schlechthin
Und das Abenteuer blieb ein fester Bestandteil der GS-Philosophie.

Auf der ganzen Welt zu Hause
Die Werbung versprach mit diesem Motorrad fast unbegrenzte Abenteuer: »Ferne Ziele stecken. Nicht wissen, was einem erwartet.«

F 650, 1993
Als Einsteigermodell wurde 1993 die einzylindrige F 650 eingeführt, zunächst in einer Auflage von 5.000 Exemplaren geplant. Der Neuling mauserte sich aber sehr schnell zu einem Verkaufshit und verkaufte sich im Schnitt fast 10.000 Mal jährlich.

Jugend, Feeling
Die F 650 war nicht nur in ihrem Einsatzgebiet ein Überbringer neuzeitlicher Botschaften, auch Konzeption und Produktion zeugten von einer Trendwende: Die technischen Vorgaben stammten aus dem Hause BMW, die eigentliche Entwicklung und die Herstellung des Motors erfolgte bei Rotax in Österreich und die Entwicklung sowie die Produktion des gesamten Motorrads fanden unter der Regie von Aprilia in Noale statt. Der Motor lieferte 48 PS bei 6.500/min und trieb das Motorrad auf über 160 km/h.

F 650 ST, 1997
Die unerwartete Popularität der F 650 sorgte 1997 für eine Erweiterung der Modellpalette um die ST (für Strada). Mit Straßenbereifung und 18 Zoll Vorderrad statt vorderem 19-Zöller samt kürzeren Federwegen war sie in erster Linie für Fahrer/innen von etwas kleinerer Statur gedacht. Gleichzeitig erhielt die normale F 650 eine höhere Windschutzscheibe, die bis dahin als Zubehör erhältlich gewesen war. Die ST behielt aber die kleine Scheibe der Erstausführung bei.

Letzter Aufruf: F 650, 2000

Nach mehr als 64.000 gebauten F 650 und ST wurde die Linie Anfang 2000 von einer Neuentwicklung abgelöst. Der Vertrag mit Aprilia war von Anfang an bis Ende 1999 befristet gewesen, und in der Zwischenzeit hatte sich auch Aprilias F-650-Verschnitt namens »Pegaso« zu einem ernsthaften Konkurrenten entwickelt. Anfang des neuen Jahrhunderts wurde nur noch die bis Dezember gebaute F 650 ausgeliefert, dann war Schluss.

Zeit der Konsolidierung: Die 90er

_F 650 GS, 2000_

Anfang 2000 erschien daher die F 650 GS in ganz neuer Ausführung. Der Motor war insofern geändert, als dass im Zylinderkopf die gleiche Technik wie im M3-Automotor arbeitete. In Kombination damit sorgte eine digitale Motorelektronik mit Einspritzung für mehr Durchzug im mittleren Bereich und mehr Drehfreudigkeit im oberen Bereich. Zwischen 3.000 und 6.500 Touren standen durchgehend mehr als 50 Newtonmeter zur Verfügung. Die Maximalleistung erhöhte sich geringfügig von 48 auf 50 PS, doch wesentlicher war das bessere Fahrverhalten, weil die Maschine sich jetzt ruckfrei ab 2.000/min beschleunigen ließ.

Dakar, 1999 und 2000
Bei der berühmt-berüchtigten Dakar-Rallye siegte BMW in den Jahren 1999 und 2000 mit einer von Richard Schalber aufgebauten F 650 RR. Bei beiden Gelegenheiten war der Franzose Richard Sainct erfolgreich gewesen, und schon nach seinem ersten Sieg entstand die Idee, eine GS-Ausführung auf die Räder zu stellen. Da gleichzeitig der Aprilia-Vertrag auslief, nutzte BMW die Gelegenheit, die inzwischen sieben Jahre alte Maschine abzulösen.

F 650 GS Dakar, 2000
Gleichzeitig mit der GS kam auch die Sonderversion Dakar, beide mit dem 17,3 Liter großen Tank unter der Sitzbank. Die Dakar-Ausführung hatte mehr Federweg und ein 21 Zoll großes Vorderrad. Handprotektoren und ein höheres Windschild gehörten ebenfalls zur Dakar-Ausstattung. Dank der Elektronik waren beide GS-Modelle die ersten Einzylinder der Welt mit geregeltem Katalysator. Auf Wunsch war vom Werk auch ABS erhältlich. Damit standen für die gesamte Modellpalette von BMW zum neuen Jahrtausend diese Umwelt- und Sicherheitstechnologien im Angebot.